鸡病类症鉴别与诊治彩色图谱

主　编　刘建柱　牛绪东　丁庆华
副主编　李玉杰　陈甜甜　王金纪　李相安
　　　　戴培强　刘海涛　刘砚涵
参　编　刘诗柱　孙　泉　张文启　王　成
　　　　房竹琳　郭淑华　万惠愚　罗金剑
　　　　徐晓菲　王胜男　郝知非　刘秀芹
　　　　王胜华　曲　艺　李在强　史梦科
　　　　郭晓程　杜永振　李　展　张庆丰
　　　　郝　盼　张　璐　王　润

机械工业出版社
CHINA MACHINE PRESS

本书以"看图识病、类症鉴别、综合防治"为目的，从生产实际和临床诊治需要出发，结合笔者多年的临床教学和诊疗经验进行介绍，内容包括病毒性疾病、细菌性疾病、寄生虫病和普通病的鉴别诊断与防治，附录还详细列出了临床症状相似疾病的鉴别诊断及鸡场常用驱虫药、抗菌药、疫苗速查表。

本书图文并茂，语言通俗易懂，内容简明扼要，注重实际操作，可供养鸡生产者及畜牧兽医工作人员使用，也可作为农业院校相关专业师生教学（培训）用书。

图书在版编目（CIP）数据

鸡病类症鉴别与诊治彩色图谱 / 刘建柱，牛绪东，丁庆华主编. -- 北京：机械工业出版社，2024.7.
ISBN 978-7-111-76060-3
Ⅰ. S858.31-64
中国国家版本馆CIP数据核字第2024RG4771号

机械工业出版社（北京市百万庄大街22号　邮政编码100037）
策划编辑：周晓伟　高　伟　　责任编辑：周晓伟　高　伟　刘　源
责任校对：甘慧彤　张　征　　责任印制：常天培
北京宝隆世纪印刷有限公司印刷
2024年7月第1版第1次印刷
210mm×190mm·9.666印张·2插页·242千字
标准书号：ISBN 978-7-111-76060-3
定价：98.00元

电话服务　　　　　　　　网络服务
客服电话：010-88361066　　机　工　官　网：www.cmpbook.com
　　　　　010-88379833　　机　工　官　博：weibo.com/cmp1952
　　　　　010-68326294　　金　书　网：www.golden-book.com
封底无防伪标均为盗版　机工教育服务网：www.cmpedu.com

前　言

目前广大养鸡者认识鸡病的专业技能和知识相对不足，使鸡场不能有效地控制好疾病，导致鸡场生产水平不高，经济效益不好，甚至亏损，给养鸡者的积极性带来了负面影响，阻碍了养鸡业的可持续发展。编者结合当前的鸡病流行情况以及编者二十余年的临床积累编写了本书。全书包括42种常见疾病的360多张彩色图片，可以使读者更加直观地掌握鸡病的临床症状和发病特点，尽快使用有效的药物进行治疗，以减少因疾病死亡或生产能力下降给养殖户带来的经济损失。

本书主要适用于养鸡户、家庭农场饲养管理者、鸡病诊疗的初学者，也可作为农业院校相关专业师生教学（培训）用书。

需要特别说明的是，本书所用药物及其使用剂量仅供读者参考，不可照搬。在生产实际中，所用药物学名、常用名和实际商品名称有差异，药物浓度也有所不同，建议读者在使用每一种药物之前，参阅厂家提供的产品说明以确认药物用量、用药方法、用药时间及禁忌等。购买兽药时，执业兽医有责任根据经验和对患病动物的了解决定用药量及选择最佳治疗方案。

作者在编写过程中力求文字简洁易懂，科学性、先进性和实用性兼顾，内容系统、准确、深入浅出，治疗方案具有较强的操作性和合理性，让广大读者一看就懂，一学就会，用后见效。

由于作者的水平有限，书中的缺点乃至错误在所难免，恳请广大读者和同仁批评指正，以便再版时改正。

编　者

目 录

前言

第一章 病毒性疾病

一、新城疫 /002

二、禽流感 /010

三、鸡白血病 /020

四、马立克氏病 /026

五、传染性法氏囊病 /030

六、传染性支气管炎 /039

七、传染性喉气管炎 /045

八、鸡痘 /051

九、心包积液-肝炎综合征 /057

十、禽传染性脑脊髓炎 /061

十一、产蛋下降综合征 /063

十二、网状内皮组织增生症 /066

十三、鸡病毒性关节炎 /068

十四、鸡传染性贫血病 /070

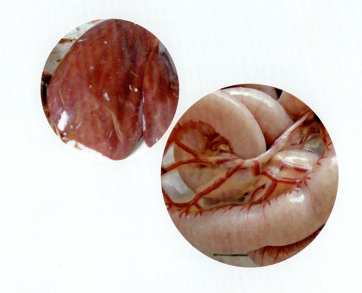

第二章 细菌性疾病

一、沙门菌病 /078

二、大肠杆菌病 /085

三、传染性鼻炎 /097

四、葡萄球菌病 /103

五、禽曲霉菌病 /108

六、坏死性肠炎 /112

七、败血支原体病 /116

八、禽霍乱 /123

九、弧菌性肝炎 /130

十、滑液囊支原体感染 /134

第四章 普通病

一、肉鸡腹水综合征 /166

二、肉鸡猝死综合征 /172

三、鸡痛风 /174

四、脂肪肝综合征 /180

五、肌胃糜烂症 /184

六、异食癖 /187

七、食盐中毒 /190

八、黄曲霉毒素中毒 /193

九、维生素 A 缺乏症 /196

十、维生素 D 缺乏症 /199

十一、维生素 B_1 缺乏症 /202

十二、维生素 B_2 缺乏症 /205

十三、呕吐毒素中毒 /208

第三章 寄生虫病

一、球虫病 /142

二、鸡组织滴虫病 /149

三、鸡住白细胞原虫病 /153

四、蛔虫病 /159

五、绦虫病 /162

附 录

附录 A 临床症状相似疾病的鉴别诊断 /212

附录 B 鸡场常用驱虫药、抗菌药、疫苗速查表 /219

参考文献 /226

第一章
病毒性疾病

一、新城疫

简介

新城疫也称亚洲鸡瘟或伪鸡瘟，是由新城疫病毒引起的鸡和火鸡急性、高度接触性传染病，常呈败血症经过。主要特征是呼吸困难、下痢、神经紊乱、黏膜和浆膜出血。鸡、火鸡、珠鸡及野鸭对本病都有易感性，其中鸡最易感。

病原与流行特点

新城疫病毒为副黏病毒科新城疫病毒属的禽副黏病毒Ⅰ型。病毒存在于病禽的所有组织器官、体液、分泌物和排泄物中，以脑、脾、肺含毒量最高，以骨髓含毒时间最长。在低温条件下抵抗力强，在4℃时可存活1~2年，-20℃时能存活10年以上；真空冻干病毒在30℃时可保存30天，15℃时可保存230天；不同毒株对热的稳定性有较大的差异。

本病一年四季均可发生，但以春秋两季较多。各种年龄的鸡易感性有差异，幼雏和中雏易感性最高，两年以上的鸡易感性较低。传播途径主要是经呼吸道和消化道传播，鸡蛋也可带毒进而传播本病。典型急性新城疫发病率、死亡率高，近年来非典型新城疫时有发生，呈散发性或慢性经过，死亡率较低。

临床症状

临床上常见最急性型、急性型、亚急性型或慢性型3种类型。近年来一种新的类型——非典型新城疫也不断发生。

（1）**最急性型** 突然发病，迅速死亡。多见于流行初期和雏鸡。

（2）**急性型** 鸡冠及髯逐渐变为暗红色或暗紫色。呼吸困难，张口呼吸。嗉囊内充满液体内容物，倒提时常有大量酸臭液体从口内流出。粪便稀薄，呈黄绿色或黄白色，后期排出蛋清样便。

（3）**亚急性型或慢性型** 急性病例的后期或慢性病例，病鸡翅腿麻痹，跛行或站立不稳，头颈向后或向一侧扭转，或呈观星姿势，常伏地旋转，动作失调，反复发作，最终瘫痪或半瘫痪。

（4）**非典型新城疫** 常发生于经疫苗免疫过的鸡群。主要表现为轻度气喘，排黄绿色稀粪，产蛋率轻微下降，蛋壳褪色，病鸡逐渐消瘦，死亡率低。

病鸡排出黄绿色稀粪

病鸡排出黄绿色粪便

病鸡排出的粪便呈黄绿色

病鸡头颈向一侧扭转

病鸡头颈向后扭转

病鸡呈观星姿势

双腿瘫痪

嗉囊内积存大量液体

嗉囊内充满酸臭液体，倒提时从口内流出

孙卫东 摄

病理变化

本病的主要病变是全身黏膜和浆膜出血，淋巴系统肿胀、出血或坏死，尤其以消化道和呼吸道最为明显。嗉囊充满酸臭味的稀薄液体和气体。腺胃黏膜水肿、有脓性黏液，部分乳头或乳头间有鲜明的出血点，或有溃疡和坏死。肠道黏膜有大小不等的点状或片状出血，甚至整个肠道出血。有时肠淋巴滤泡出血、肿胀或呈纤维素性坏死性病变（俗称枣核样病变）。盲肠扁桃体常见肿大、出血和坏死。卵泡和输卵管显著充血、水肿。

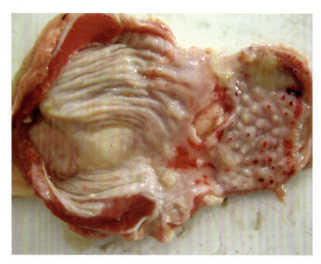

腺胃乳头出血，切面可见乳头下出血严重

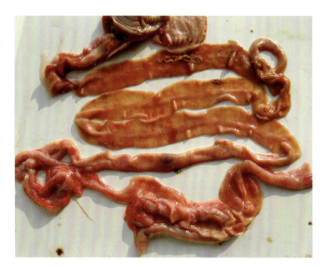

肠淋巴滤泡呈纤维素性坏死性病变（俗称枣核样病变）

腺胃黏膜水肿、有脓性黏液，乳头出血

第一章 病毒性疾病

腺胃乳头环状出血

整个肠道出血，出血处呈枣核样

盲肠扁桃体肿大、出血和坏死

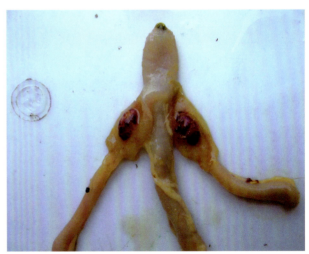

盲肠扁桃体严重出血

诊断要点

（1）临床特征　呼吸困难、嗉囊积液、头颈向后或向一侧扭转。
（2）剖检病变　黏膜和浆膜出血、腺胃乳头出血、肠淋巴滤泡枣核样病变。

预防措施

（1）控制传染源　坚持自繁自养，全进全出，防止带毒动物进入。
（2）切断传播途径　加强检疫，尸体无害化处理。
（3）提高机体抵抗力　一般情况下，种鸡、蛋鸡，初免于7日龄，新城疫－传染性支气管炎（120）二联活疫苗每只鸡滴鼻1~2滴，同时新城疫灭活疫苗每只鸡颈部皮下注射0.3毫升。二免于60日龄，用新城疫Ⅰ系弱毒活疫苗或新城疫灭活疫苗肌内注射。加强免疫于120日龄，新城疫灭活疫苗每只鸡颈部皮下注射0.5毫升。开产后，根据免疫抗体检测情况，3~4个月用新城疫Ⅳ系弱毒活疫苗饮水免疫1次。肉鸡，于7~10日龄，新城疫－传染性支气管炎（120）二联活疫苗每只鸡滴鼻1~2滴，同时新城疫灭活疫苗每只鸡颈部皮下注射0.3毫升。
（4）发病后的措施　隔离、封锁、消毒、紧急免疫，病死鸡深埋或焚毁。
（5）新城疫的防控还必须与其他疫病的预防相配合　如果鸡群感染传染性法氏囊炎、马立克氏病、支原体病、鸡白痢、球虫病等，势必影响鸡体的健康和群体的免疫效果。只有把预防常见多发病与防控新城疫紧密结合，才能使新城疫的预防工作收到良好的效果。
（6）尽量不用或少用影响或可能影响机体免疫应答的药物　如氯霉素、磺胺类、呋喃类、糖皮质激素等药物。
（7）提倡和强调新城疫早期免疫　如对1日龄鸡用弱毒活疫苗点眼、滴鼻，使机体尽早产生局部抗体。这种抗体通常被覆在呼吸道及消化道黏膜上皮细胞表面，以对抗外来新城疫野毒的入侵。

治疗方法

（1）**药物方剂**

①双黄连口服液 100 毫升、维生素 C 泡腾片 10 片、盐酸左旋咪唑可溶性粉 2 克，混合饮水，供 100 只成年鸡或 200 只雏鸡使用，分早晚 2 次饮水给药，连用 3~5 天。

②清瘟败毒散 100~300 克，供 100 只成年鸡拌料使用，连用 3~5 天；板清颗粒 50 克，分 2 次饮水，连用 3~5 天。雏鸡减半。

③板蓝根 20 克、金银花 15 克、黄芪 20 克、车前子 20 克、党参 15 克、野菊花 20 克，每天 1 剂，4 天为 1 个疗程，供 100 只鸡使用。然后用新城疫疫苗滴鼻、点眼各 1 滴。

④银翘散 300 克，供 100 只成年鸡使用，雏鸡减半，拌料饲喂。用于非典型新城疫的初期，连用 3~5 天。

⑤德信荆蟾素：荆芥穗 30 克、防风 30 克、羌活 25 克、独活 25 克、柴胡 30 克、前胡 25 克、枳壳 25 克、茯苓 30 克、桔梗 30 克、川芎 20 克、甘草 15 克、薄荷 15 克、蟾酥 1 克、莽草酸 15 克。预防：1000 克兑水 8000 千克。治疗：1000 克兑水 4000 千克。可集中饮用，连用 3~5 天。对于非典型新城疫，每 1000 克供 5000 只成年鸡使用 1 天。

⑥黄芩 10 克、金银花 30 克、连翘 40 克、地榆炭 20 克、蒲公英 10 克、紫花地丁 20 克、射干 10 克、紫苑 10 克、甘草 30 克，水煎 2 次，混合煎液，供 100 只鸡饮用，每天 1 剂，连用 4~6 天。

（2）**紧急接种疫苗** 急性新城疫发病后应立即接种新城疫疫苗，一般 60 日龄以下使用 clong30、clongN79、Ⅳ系、V4、新威灵等，60 日龄以上使用Ⅰ系注射。蛋鸡发病使用 clong30、clongN79、Ⅳ系、V4、新威灵等，大鸡群免疫一般使用喷雾法，饮水法效果不太理想。在人员充足的时候可以点眼、滴鼻、注射。对于非典型新城疫可以使用 clong30、clongN79、Ⅳ系、V4、新威灵点眼、滴鼻，同时注射新城疫灭活油乳剂疫苗，效果更佳。

二、禽流感

简介

禽流感是由流行性感冒病毒（简称流感病毒）引起的急性、高度接触性传染病。以急性败血症、呼吸道感染为临床表现。本病多发生于天气骤变的晚秋、早春及寒冷的冬季。外界环境的改变、营养不良和内外寄生虫侵袭可导致本病的发生和流行。鸡感染低致病性禽流感每天的死亡率为1%~2%，而感染高致病性禽流感死亡率可达100%。

病原与流行特点

禽流感病毒属甲型流感病毒。流感病毒属于RNA病毒的正黏病毒科，分甲、乙、丙3个型。其中甲型流感病毒多发于禽类，一些甲型流感病毒也可感染猪、马、海豹和鲸等各种哺乳动物及人类；乙型和丙型流感病毒则分别见于海豹和猪的感染。本病一年四季均可流行，但发病高峰期主要集中在每年的11月至次年的5月。各种年龄的鸡均易感，但以育成后期和产蛋上升期的鸡发病最为严重。传播途径主要是水平传播，媒介包括飞沫、饮水、饲料、粪便、空气中的尘埃、笼具、蛋品、种苗、衣物、运输工具等，尚未证实垂直传播的可能性。带病毒的候鸟在迁徙过程中，沿途可散播病毒。发病率和死亡率与病毒毒株的毒力及被感染鸡的种类、日龄、性别、饲养状况、有无并发或继发性疾病等因素有关。

临床症状

病鸡精神沉郁。气喘、咳嗽、打喷嚏，出现啰音。冠呈大红色，肉髯肿胀，冠与肉髯常有浅色的皮肤坏死区。鼻有黏液性分泌物。结膜潮红、出血、水肿。头、颈常出现水肿。腿部皮下水肿、出血、变色。母鸡产蛋率急剧下降，排黄绿色稀粪。有的鸡群在发病初期便可出现严重的脑神经症状。

病鸡精神沉郁

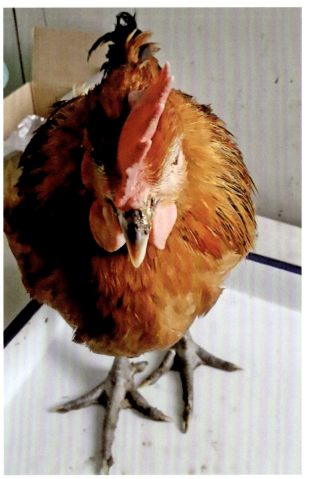

肉髯肿胀

病鸡出现脑神经症状

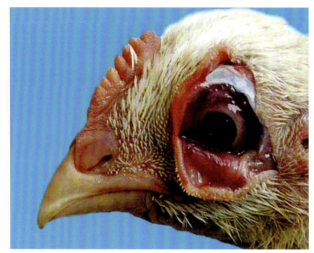

结膜潮红、出血、水肿

眼睑及颜面水肿

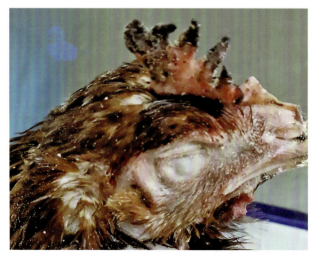

冠有浅色的皮肤坏死区

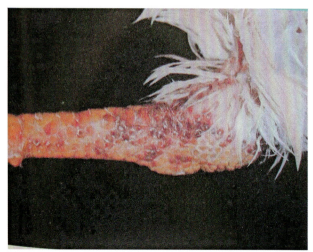

胫部出血

腿部鳞片出血

肉髯极度肿胀

病理变化

一般病死鸡各脏器出现充血、出血和坏死。卵泡出血、破裂、变性，里面有稀薄的卵泡液。胸内膜点状或片状出血。胸腺肿大、出血，胰腺常见灰白色坏死点及浅黄色或暗红色斑点，边缘出血。小肠黏膜有点状或不规则的片状出血，盲肠扁桃体明显出血、肿胀。腺胃乳头出血，肌胃角质层下出血。口腔有出血点。肺严重出血。气管黏膜地毯状出血。肝脏、脾脏、肾脏有时也出现坏死点。气囊、腹膜、输卵管表面有灰白色或灰黄色渗出物，输卵管内有脓性分泌物、病程较长者出现黄白色干酪样物，并有纤维素性心包炎。鸡感染毒力较强毒株时，病初可见窦水肿和头部水肿，以及颅骨下出血，肉髯和冠发紫，眼眶周围水肿，内脏各浆膜、心内（外）膜、黏膜表面有出血点，尤其是腺胃与肌胃交界处。淋巴滤泡坏死，脾脏外观呈斑点状。死鸡腿部鳞片出血。

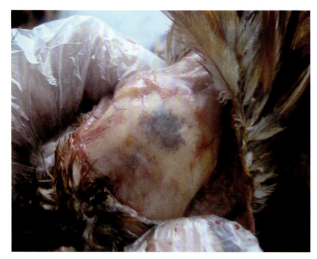

颅骨下出血

颅骨下明显出血

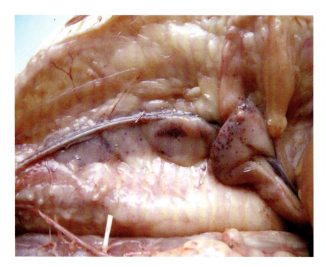

感染初期的胸腺出血

胸腺肿大、出血

气管黏膜地毯状出血

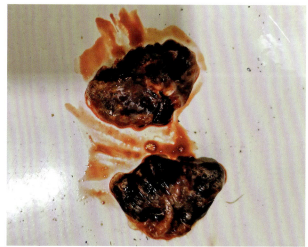

肺严重出血

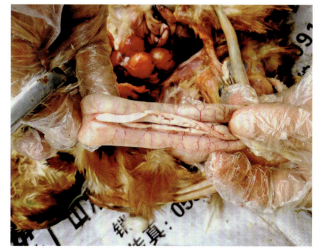

胰腺边缘出血

胰腺坏死、边缘出血

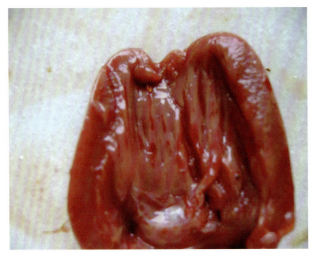

心内膜出血

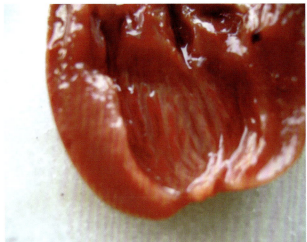

心内膜严重出血

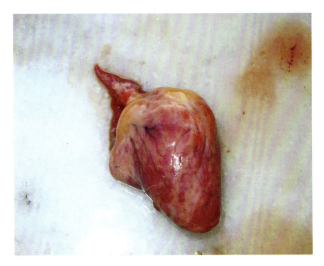

心外膜出血

卵泡出血、破裂

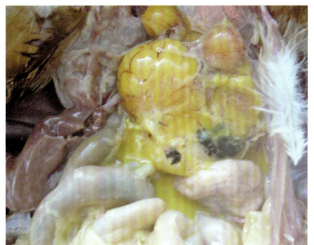

卵泡变性，呈稀薄的液体

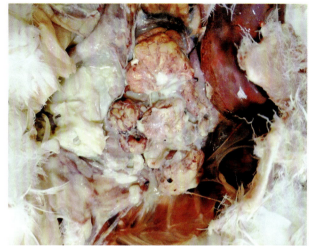

卵泡变性、出血、破裂

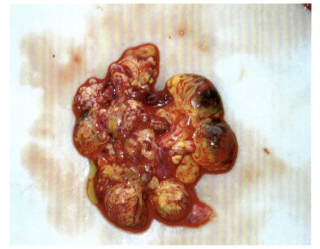

卵泡变性、出血

病程较长者输卵管内出现黄白色干酪样物

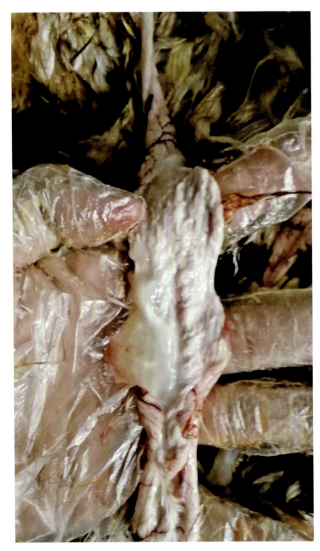

输卵管内有脓性分泌物

诊断要点

（1）**临床特征**　气喘、排黄绿色稀粪、颜面肿胀、脚鳞出血。

（2）**剖检病变**　小肠黏膜有点状或不规则的片状出血、胰腺有灰白色坏死点及浅黄色或暗红色斑点、腺胃乳头出血、肌胃角质层下出血。

禽流感的症状和病变表现形式多样，且受多种因素影响，很不稳定。另外，多数现场疫病情况比较复杂，常见混合感染。因此，仅凭临床表现不容易确诊，应采集病鸡的气管、肺、脑、脾脏、胰脏等组织进行病毒分离，同时抽取发病时和发病后 14~28 天的病鸡血清进行血清学检测，常用的方法有血凝抑制试验、琼脂扩散试验和病毒中和试验。

预防措施

高致病性禽流感被 OIE（世界动物卫生组织）列为 A 类疫病，一旦发生应立即通报，同时应采取果断措施（包括封锁、隔离、消毒、焚烧发病鸡群等）防止病毒扩散。

1）加强饲养管理，建立完善的生物安全体系，实行全进全出制度，避免各种日龄的家禽混养。

2）怀疑有本病发生时应尽快送检，鉴定病毒的毒力和致病性，划定疫区，严格封锁，扑杀所有感染高致病性病毒的鸡只。

3）规范免疫方法及免疫程序，增强机体特异性抵抗力。禽流感病毒不断发生变异，为疫苗研制造成困难。尽管如此，疫苗接种仍然是预防禽流感的一种非常有效的措施。流行地区接种最好是用当地流行的毒株制作的灭活苗，以控制由低致病性病毒引起的呼吸道感染。

4）预防接种。根据经验，蛋鸡开产前对H5和H9均以接种3~4次为宜。接种疫苗是预防禽流感较为有效的方法，但不是唯一、更不是万能的方法。

治疗方法

对症治疗可采用以下方法。

1）发病早期使用禽用白细胞干扰素饮水给药。1瓶禽用白细胞干扰素溶于10升饮用水，供500只鸡饮用，每天2~3次，连用3~5天。抗病毒中药每天每只用板蓝根2克、大青叶3克，粉碎后拌料饲喂，配合使用。抗菌药物如环丙沙星或培福沙星等，按0.005%的含量饮水，连用5~7天，以防止大肠杆菌、支原体等继发感染与混合感染。

2）德信优倍健：黄芪250克、白芍250克、麦冬130克、板蓝根50克、金银花50克、大青叶50克、蒲公英100克、甘草30克、淫阳藿130克、1000克兑水3000千克，可集中饮用，连用3~5天。

⚠️ **注意**：防疫时可同时使用本品，对疫苗效果不产生影响。

三、鸡白血病

简介

鸡白血病是由禽白血病/肉瘤病毒群中的病毒引起的鸡多种肿瘤性疾病的统称,以在成年鸡中产生淋巴样肿瘤和产蛋量下降为特征。临床上有多种表现形式,主要是淋巴性白血病,其次是成红细胞白血病、成髓细胞白血病、骨髓细胞瘤、肾母细胞瘤、骨石病、血管瘤、肉瘤和皮瘤等。

病原与流行特点

禽白血病病毒(ALV)属反转录病毒科,C型肿瘤病毒属禽白血病/肉瘤病毒群。本病以垂直传播为主,其他传播途径次之,发病一般在16~30周龄,发病呈持续性,不间断出现死亡,尤其是开产后。多呈慢性经过,散发,感染率较高,发病率很低。病鸡和带毒鸡是重要的传染源,尤其是带毒鸡在本病的传播上起着重要作用。鸡蛋中带毒孵出的雏鸡亦带毒,它再与健康雏鸡密切接触时就有可能扩大传播。先天性感染的雏鸡常有免疫耐受现象,它不产生抗肿瘤病毒免疫抗体,长期带毒、排毒,成为重要的传染源。

临床症状

通常在16周龄以后发病,发病高峰在性成熟前后。16周龄以下的育成鸡很少发病。本病无特征性症状。鸡冠和肉髯苍白、皱缩,间或发紫,腹部膨大,可触摸到肿大的肝脏。病鸡精神沉郁,逐渐消瘦和虚弱,食欲废绝,下痢,产蛋减少或停止。

病理变化

16周龄以上的病鸡，在许多组织中可见到淋巴瘤，尤其肝脏、脾脏、肺、肾脏、肠壁、卵巢、腹腔和法氏囊中最为常见。肿瘤有结节型、粟粒型、弥漫型和混合型，肿瘤病变呈白色到灰白色。法氏囊切开后可见到小结节状病灶。病变主要是肝脏、脾脏显著肿大，尤其脾脏体积可达正常体积的3~4倍。病变主要特征是：成髓细胞的弥漫性和结节性增生。典型的急性病鸡以成髓细胞弥漫性增生为主。

肝脏肿大，有弥漫型肿瘤

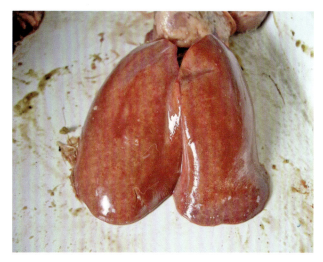

肝脏弥漫型肿瘤

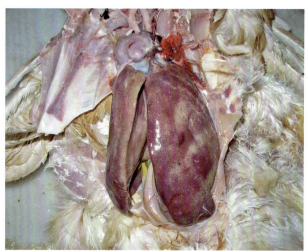

肝脏增大

肝脏弥漫性增大,粟粒型肿瘤

肝脏肿瘤,弥漫性增大

肝脏极度增大

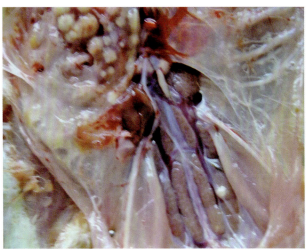

肺肿瘤及肾脏肿瘤

肠壁肿瘤

肝脏与脾脏体积增大

肝脏与脾脏肿瘤

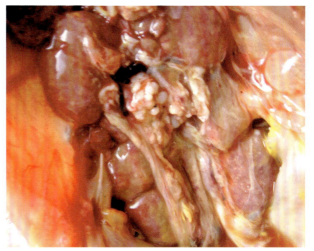

肾部肿瘤

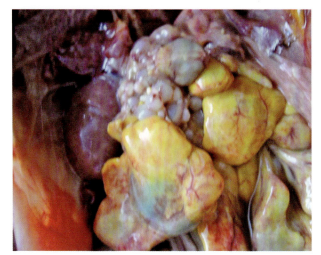

卵巢肿瘤

腹腔内的大肿瘤（剖面）

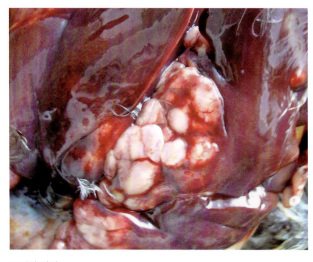

肝脏内肿瘤

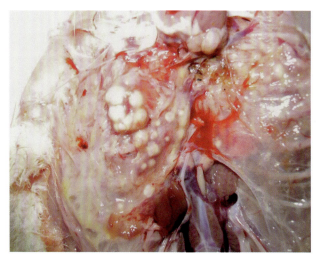

肺部出现大量肿瘤

诊断要点

（1）**临床特征**　消瘦、16周龄以后发病、腹部膨大、鸡爪上出现血管瘤，触之易出血。

（2）**剖检病变**　多组织中可见淋巴瘤、肝脏和脾脏显著肿大、鸡爪上出现血管瘤。

⚠ **注意：** 淋巴细胞性白血病与马立克氏病的鉴别诊断。

预防措施

1）通过检测发现病鸡、可疑鸡应坚决淘汰，以消灭垂直传染源。

2）每批鸡出壳后孵化器、出雏器和育雏室进行彻底清扫清毒，有助于减少刚出壳的雏鸡接触感染本病毒，平时也要做好带鸡消毒工作。

3）每半个月淘汰1次残、弱鸡、病鸡。在产蛋期间或育成期检测2次，淘汰阳性鸡，如此连续检查数年，可使鸡群逐步净化。建立无白血病的种鸡群。

治疗方法

目前对鸡白血病尚无有效的治疗方法，而且尚无有效疫苗可用。只有通过淘汰阳性病禽，以达到净化的目的。

四、马立克氏病

简介

马立克氏病是最常见的一种鸡淋巴组织增生性传染病，以外周神经、性腺、虹膜、各种脏器肌肉和皮肤的单核细胞浸润为特征。本病由一种疱疹病毒引起，传染性强，在病原学上与鸡的其他淋巴肿瘤病不同。

病原与流行特点

马立克氏病的病原是一种细胞结合性疱疹病毒。已发现的有三个血清型，Ⅰ型为致癌性的，Ⅱ型为非致癌性的，Ⅲ型是指火鸡疱疹病毒。一年四季均可发生，应激和冬春季节天气寒冷易发。本病与品种关系极大，蛋鸡感染率高，引进鸡多发，本地鸡少发。日龄越小易感性越高，马立克氏病病毒对初生雏鸡的易感性高，1日龄雏鸡的易感性比成年鸡高1000~10000倍，比50日龄鸡高12倍。病鸡终身带毒、排毒，母鸡的发病率比公鸡高。病鸡和带毒鸡是主要的传染源，病毒通过直接或间接接触，经气源传播。本病不发生垂直传播。

临床症状

根据临床症状分为4个类型，即神经型、内脏型、眼型和皮肤型。

（1）**神经型** 主要侵害外周神经，其中侵害坐骨神经最为常见。病鸡蹲伏在地上，呈一腿伸向前方另一腿伸向后方（劈叉）的特征性姿态，臂神经受侵害时则被侵侧翅膀下垂；当侵害支配颈部肌肉的神经时，病鸡发生头下垂或头颈歪斜；当迷走神经受侵害时，则可引起失声、嗉囊扩张以及呼吸困难；腹神经受侵害时，则常有腹泻症状。

（2）**内脏型** 多呈急性暴发，常见于幼龄鸡群，开始以大批鸡精神委顿为主要特征，几天后部分病鸡出现共济失调，随后出现单侧或双侧肢体麻痹。

（3）**眼型** 出现于单眼或双眼，视力减退或消失。虹膜失去正常色素，呈同心环状或斑点状以至弥漫的灰白色。瞳孔边缘不整齐，严重时瞳孔只剩下一个针头大的小孔。

（4）**皮肤型** 此型一般缺乏明显的临床症状，往往在宰后拔毛时发现羽毛囊增大，形成浅白色小结节或瘤状物。此种病变常见于大腿部、颈部及躯干背面生长粗大羽毛的部位。

病理变化

病鸡最常见的病变表现在外周神经，腹腔神经丛、坐骨神经丛、臂神经丛和内脏大神经。受害神经增粗，呈黄白色或灰白色，横纹消失，有时呈水肿样外观。病变往往只侵害单侧神经，诊断时多与另一侧神经比较。内脏器官中以卵巢的受害最为常见，其次为肾脏、脾脏、肝脏、心脏、肺、胰脏、肠系膜、腺胃、肠道和肌肉等，脏器出现大量的肿瘤。

肝脏、脾脏、胃脏肿瘤

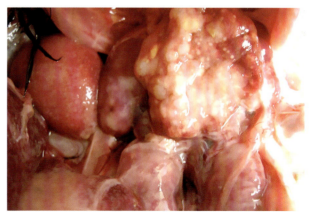

卵巢肿瘤

肝脏肿瘤膨出于肝表面

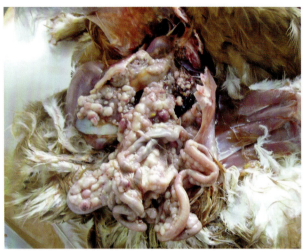

肠系膜密布肿瘤

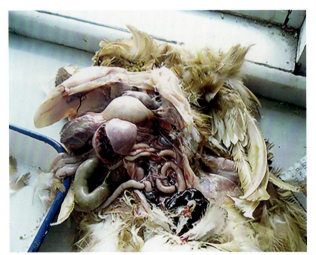

腺胃肿瘤及脾肿瘤

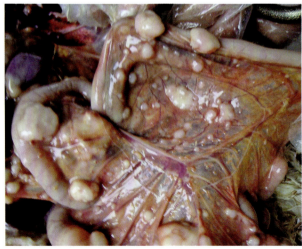

空肠系膜及肠壁肿瘤

诊断要点

（1）**临床特征** 消瘦、劈叉、翅膀下垂、虹膜同心环状或斑点状、皮肤表面有浅白色小结节或瘤状物。

（2）**剖检病变** 肿瘤，坐骨神经水肿、横纹消失。

本病内脏型肉眼病变与淋巴性白血病、网状内皮组织增殖症十分相似，应注意鉴别。建立在大体病变和年龄基础之上的诊断，至少符合以下条件之一，可考虑诊断为马立克氏病：①外周神经淋巴组织增生性肿大；②16周龄以下的鸡发生多种组织的淋巴肿瘤（肝脏、心脏、性腺、皮肤、肌肉、腺胃）；③16周龄或更大的鸡，在没有发生法氏囊肿瘤的情况下，出现内脏淋巴肿瘤；④虹膜褪色和瞳孔不规则。

预防措施

（1）**搞好饲养管理** 对光照、温度、湿度、密度、通风等按饲养管理规定进行，喂优质饲料，合理使用药物等。

（2）**严格消毒措施**

1）孵化箱的消毒。在孵化前一周应对孵化器及其附件进行消毒，蛋盘、水盘、盛蛋用具等先用热水洗净，再用500~1000倍稀释的新洁尔灭溶液喷雾消毒。

2）育雏期的消毒。育雏舍在进雏前应彻底清扫羽毛、皮屑、蜘蛛网等，然后对门窗、地面、顶棚等喷洒500~1000倍稀释的季铵盐类消毒剂，地面及墙壁喷2%的火碱溶液。进雏前再用福尔马林熏蒸1次。饲养期间必须严格禁止与其他鸡群和雏鸡接触。

3）坚持长期消毒措施。鸡舍和运动场应经常消毒，平时应3~5天消毒1次；要经常观察鸡群，对病鸡要做到早发现、早淘汰，无害化处理病死鸡及其排泄物和脱落的羽毛，防止疾病蔓延。

（3）科学免疫

1）合理选用疫苗。目前使用的疫苗有三种，人工致弱的Ⅰ型（如CVI988）、自然不致瘤的Ⅱ型（如SB1，Z4）和Ⅲ型HVT（如FC126）。HVT疫苗使用最为广泛，但有很多因素可以影响疫苗的免疫效果。参考免疫程序：选用火鸡疱疹病毒（HVT）疫苗或CVI988病毒疫苗，雏鸡在1日龄接种；或用低代次种毒生产的CVI988疫苗，每羽份疫苗的病毒含量应大于3000个蚀斑单位（PFU），通常1次免疫即可，必要时还可加上HVT同时免疫。疫苗稀释后仍要放在冰瓶内，并在2小时内用完。

2）克服母源抗体干扰，使用细胞结合的马立克氏病疫苗。

3）疫苗的运输、保存及使用应严格按有关规定进行。

4）严禁在马立克氏病疫苗稀释液中加入各种抗菌药物。

治疗方法

一旦发病，应隔离病鸡和同群鸡，鸡舍及周围进行彻底消毒，对重症病鸡应立即扑杀，并连同病死鸡、粪便、羽毛及垫料等进行深埋或焚烧等无害化处理。

五、传染性法氏囊病

简介

本病是由传染性法氏囊病病毒引起幼鸡的一种急性、高度接触性传染病，以突然发病、病程短、发病率高、腹泻、法氏囊水肿、出血、有干酪样渗出物为特征。幼鸡感染后，可导致免疫抑制，并可诱发多种疫病或使多种疫苗免疫失败。

病原与流行特点

传染性法氏囊病病毒属于双股 RNA 病毒科禽双股 RNA 病毒属。本病只发生于鸡，虽各品种均可感染发病，但以白色轻型品种鸡反应严重，肉鸡较蛋鸡敏感。各种年龄的鸡都能感染，临床上主要发生于 2~15 周龄，3~6 周龄最易感。最早见于 5 日龄，最晚见于 180 日龄。本病一年四季均可发生，由于本病毒耐热不耐寒，因此一般在春秋多发，在此季节里易发生球虫病和白冠病，这两种病都会影响鸡传染性法氏囊疫苗的免疫效果。

病鸡精神极度沉郁，呈"三足鼎立"状

临床症状

病程一般为 1 周左右，典型发病鸡群的死亡曲线呈"尖峰式"。发病鸡群的早期症状之一是有些病鸡出现啄自己肛门的现象，随即病鸡出现腹泻，排出白色黏稠或水样稀粪。随着病程的发展，食欲逐渐消失，颈和全身震颤，病鸡步态不稳，羽毛蓬松，精神委顿，卧地不动，呈"三足鼎立"状，体温常升高，泄殖腔周围的羽毛被粪便污染。此时病鸡精神极度沉郁、喙着地，脱水严重，趾爪干瘪，眼窝凹陷，最后衰竭死亡。急性病鸡可在出现症状 1~2 天后死亡，鸡群 3~5 天达死亡高峰，以后逐渐减少。在初次发病的鸡场多呈显性感染，症状典型，死亡率高。

极度沉郁、喙着地，严重脱水

病理变化

病死鸡通常呈现脱水，腿部、胸部、颈部肌肉常有条状、斑点状出血。法氏囊具有特征性病变，水肿，比正常大2~3倍，囊壁增厚，外形变圆，呈土黄色，法氏囊外包裹有胶冻样透明渗出物，黏膜皱褶上有出血点或出血斑，内有炎性分泌物或黄色干酪样物。随病程延长法氏囊萎缩变小，囊壁变薄，第8天后仅为其原重量的1/3左右。一些严重病例可见法氏囊严重出血，呈紫黑色如紫葡萄状。肾脏肿大，常见尿酸盐沉积，输尿管有大量尿酸盐而扩张。腺胃和肌胃交界处常见出血点或出血斑。盲肠扁桃体多肿大、出血。肝脏肿大，表面出现黄色条纹并出现梗死灶。

尸体鸡爪干瘪、机体脱水

腿肌出血

胸肌出血

法氏囊肿大出血呈红枣状,肾肿大

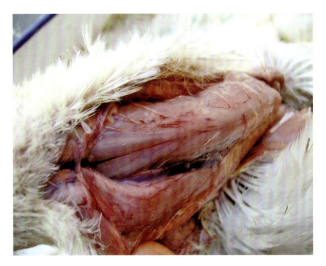
颈部肌肉出血

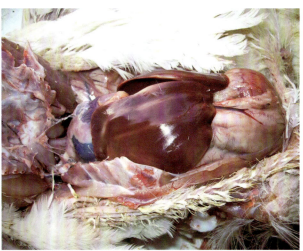
肝脏表面出现黄色条纹

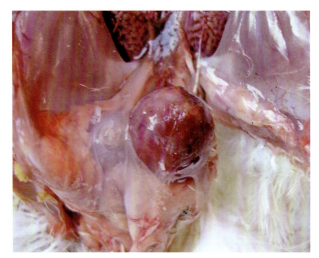

法氏囊肿大如球、出血

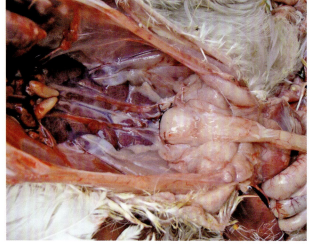

法氏囊肿大，表面有一层胶冻样渗出物

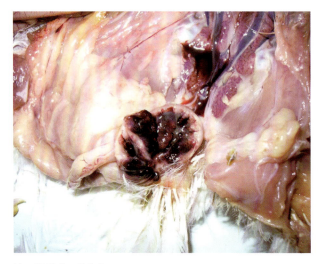

法氏囊黏膜严重出血

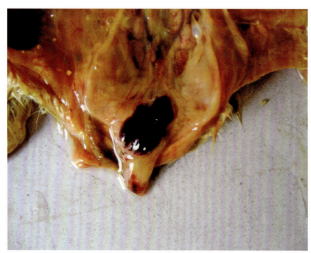

法氏囊黏膜出血（一）

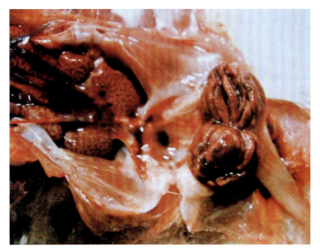

法氏囊黏膜出血、坏死

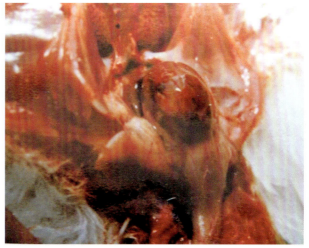

法氏囊水肿、出血

法氏囊黏膜出血、有时内有干酪样物

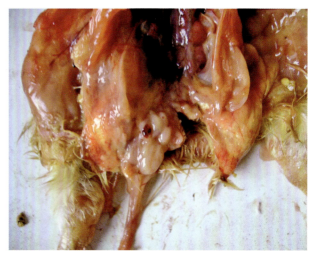

法氏囊黏膜出血（二）

诊断要点

（1）临床特征　啄肛、排白色稀粪、脱水。
（2）剖检病变　法氏囊肿大、花斑肾、腺胃和肌胃交界处见出血点或出血斑。

预防措施

（1）免疫接种

1）免疫接种要求：根据当地流行病史、母源抗体水平、鸡群的免疫抗体水平监测结果等合理制定免疫程序、确定免疫时间及使用疫苗的种类，按疫苗说明书要求进行免疫。必须使用经国家兽医主管部门批准的疫苗。

2）疫苗种类：鸡传染性法氏囊病的疫苗有两大类，活疫苗和灭活苗。活疫苗分为三种类型，一类是温和型或低毒力型的活疫苗如 A80、D78、PBG98、LKT、Bu-2、LID228、CT 等；一类是中等毒力型的活疫苗如 J87、B2、D78、S706、BD、BJ836、TAD、Cu-IM、B87、NF8、K85、MB、Lukert 细胞毒等；另一类是高毒力型的活疫苗，如初代次的 2512 毒株、J1 株等。灭活苗如 CJ-801-BKF 株、X 株、强毒 G 株等。

3）鸡的免疫参考程序：

①对于母源抗体水平正常的种鸡群，可于 2 周龄时选用中等毒力活疫苗首免，5 周龄时用同样疫苗二免，产蛋前（20 周龄时）和 38 周龄时各注射油佐剂灭活苗 1 次。

②对于母源抗体水平正常的肉用雏鸡或蛋鸡，10~14 日龄选用中等毒力活疫苗首免，21~24 日龄时用同样疫苗二免。对于母源抗体水平偏高的肉用雏鸡或蛋鸡，18 日龄选用中等毒力活疫苗首免，28~35 日龄时用同样疫苗二免。

③对于母源抗体水平低或没有母源抗体的肉用雏鸡或蛋鸡，1~3 日龄时用低毒力活疫苗如 D78 株首免，或用 1/3~1/2 剂量的中等毒力活疫苗首免，10~14 日龄时用同样疫苗二免。

（2）加强监测

1）监测方法：以监测抗体为主，可采取琼脂扩散试验、病毒中和试验方法进行监测。

2）监测对象：鸡、鸭、火鸡等易感禽类。

3）监测比例：规模养禽场至少每半年监测1次。父母代以上种禽场、有出口任务养禽场，每批次（群）按照0.5%的比例进行监测；商品代养禽场，每批次（群）按照0.1%的比例进行监测。每批次（群）监测数量不得少于20只。散养禽以及对流通环节中的交易市场、鸡类屠宰厂（场）、异地调入的批量活禽进行不定期的监测。

4）监测样品：血清或卵黄。

5）监测结果及处理：监测结果要及时汇总，由省级动物防疫监督机构定期上报至中国动物疫病预防控制中心。监测中发现因使用未经农业部批准的疫苗而造成的阳性结果的禽群，一律按传染性法氏囊病阳性的有关规定处理。

（3）引种检疫 国内异地引入种禽及其精液、种蛋时，应取得原产地动物防疫监督机构的检疫合格证明。到达引入地后，种禽必须隔离饲养7天以上，并由引入地动物防疫监督机构进行检测，合格后方可混群饲养。

（4）加强饲养管理，提高环境控制水平 饲养、生产、经营等场所必须符合《动物防疫条件审核管理办法》（原农业部15号令）的要求，并须取得动物防疫合格证。饲养场实行全进全出饲养方式，控制人员出入，严格执行清洁和消毒程序。各饲养场、屠宰厂（场）、动物防疫监督检查站等要建立严格的卫生（消毒）管理制度。

治疗方法

（1）抗体疗法

1）高免血清：利用鸡传染性法氏囊病康复鸡的血清（中和抗体价为1∶1024~1∶4096）或人工高免鸡的血清（中和抗体价为1∶16000~1∶32000），每只皮下或肌内注射0.1~0.3毫升，必要时第二天再注射 1 次。

2）高免卵黄抗体：每只皮下或肌内注射 1.5~2.0 毫升，必要时第二天再注射 1 次。利用高免卵黄抗体进行法氏囊病的紧急治疗效果较好。

（2）**抗病毒** 可采用中药方剂。

方剂 1 德信优倍健：黄芪 250 克、白芍 250 克、麦冬 130 克、板蓝根 50 克、金银花 50 克、大青叶 50 克、蒲公英 100 克、甘草 30 克、淫阳藿 130 克，1000 克兑水 3000 千克，可集中饮用，连用 3~5 天。

⚠ **注意**：防疫时可同时使用本品，对疫苗效果不产生影响。

方剂 2 德信肾支通：木通 30 克、瞿麦 30 克、萹蓄 30 克、车前子 30 克、滑石 60 克、甘草 25 克、炒栀子 30 克、酒大黄 30 克、灯芯草 15 克。预防用量为 1000 克拌料 300 千克，治疗用量为 1000 克拌料 150 千克或水煎过滤液兑水饮、药渣拌料饲喂，连用 3~5 天。

方剂 3 清解汤：取生石膏 130 克，生地、板蓝根各 40 克，赤芍、丹皮、栀子、玄参、黄芩各 30 克，连翘、黄连、大黄各 20 克，甘草 10 克，将药在凉水中浸泡 1.5 小时，然后加热至沸，文火维持 15~20 分钟，得药液 1500~2000 毫升。复煎 1 次，合并混匀，供 300 只鸡 1 天饮服，连用 2~3 天即可，给药前断水 1.5 小时。

（3）**对症治疗** 在饮水中加入口服补液盐（氯化钠 3.5 克、碳酸氢钠 2.5 克、氯化钾 1.5 克、葡萄糖 20 克、水 2500~5000 毫升）等水盐及酸碱平衡调节剂让鸡自饮或喂服，每天 1~2 次，连用 3~4 天。同时在饮水中加入抗生素（如环丙沙星、氧氟沙星、卡那霉素等）和 5% 的葡萄糖，效果更好。

六、传染性支气管炎

简介

鸡传染性支气管炎是由传染性支气管炎病毒引起的鸡的一种急性、高度接触传染性的呼吸道疾病。其特征是病鸡咳嗽、打喷嚏和气管发生啰音,雏鸡流涕,产蛋鸡产蛋期减蛋。本病无季节性,传播迅速,几乎在同一时间内有接触史的易感鸡都发病。

病原与流行特点

本病的病原为传染性支气管炎病毒。本病仅发生于鸡,其他家禽均不感染,各种年龄的鸡都可发病。本病主要经过呼吸道传染,传染源主要是病鸡和康复后的带毒鸡,康复鸡可带毒35天。本病一年四季均能发生,但以冬、春季节多发,鸡群拥挤、过热、过冷、通风不良、温度过低、缺乏维生素和矿物质以及饲料供应不足或配合不当,均可促使本病的发生。

临床症状

(1)呼吸道型　发病雏鸡主要表现为流鼻液、流泪、打喷嚏、张口伸颈呼吸,安静时可以听到鸡的呼吸喘鸣声;病鸡畏寒挤堆,精神沉郁,呼吸困难,翅膀下垂,羽毛松散无光。爪子干瘪而脱水。部分鸡拉黄白色稀粪。

(2)肾型　该类型主要集中在2~6周龄的雏鸡,病初2~3天有怕冷、嗜睡、食欲下降、饮水量增加的症状,随后呼吸道症状消失,出现假性好转,随后进入急性肾病阶段,出现死亡,鸡日龄越小,死亡率越高。产蛋鸡感染则以产畸形蛋、产蛋率明显下降为主。

发病雏鸡张口伸颈呼吸

产蛋鸡感染导致大量畸形蛋

病理变化

（1）**呼吸道型**　支气管内有污浊黏液，严重的出现黄色黏稠渗出物堵塞整个支气管，有的气囊浑浊变厚，有的病鸡的气管下段被黄色干酪样物部分或完全堵塞。

（2）**肾型**　肾脏肿大、苍白，输尿管变粗，有大量白色尿酸盐沉积，呈花斑肾；机体脱水消瘦，皮肤与肌肉易分离；有的泄殖腔内有大量白石灰样稀粪。蛋雏鸡感染后，可引起输卵管及卵巢损伤。

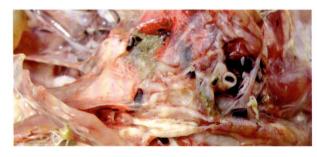

气管及支气管有黄色栓塞

输卵管壁薄、长度缩短

第一章 病毒性疾病

气管下段有黄色干酪样物堵塞

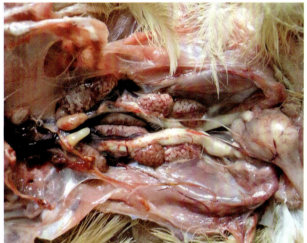

肾脏极度肿大（花斑肾）

假母鸡体内的输卵管囊肿

诊断要点

（1）**临床特征**　流鼻液、流泪、打喷嚏、张口伸颈呼吸、呼吸喘鸣声、爪子干瘪而脱水。

（2）**剖检病变**　支气管内有污浊黏液、花斑肾、白石灰样稀粪。

预防措施

（1）建立健全生物安全体系

1）要从管理严格的种鸡场进雏鸡，避免从有疫源的种鸡场进雏鸡或种蛋。实现粪便和病死鸡的及时无害化处理，粪便集中堆放，或深埋或烘干制成肥料，病死鸡应焚烧或深埋。

2）从进鸡前就要做好鸡舍内环境的清扫、清洗和消毒工作，在育雏鸡阶段，做好严格的防疫隔离和消毒措施，用安全性好的季铵盐类等消毒液，每周 2~3 次喷雾消毒，以降低粉尘中支原体及其他微生物对呼吸道的刺激和损伤作用。但应注意疫苗免疫前后 2~3 天不要进行喷雾消毒。在饲养过程中做到带鸡消毒、饮水消毒、用具消毒和环境消毒相结合。带鸡消毒可用碘制剂、过氧乙酸和氯制剂等喷雾消毒，每周 2 次，交替使用 2~3 种消毒药；用双季铵盐等按 1∶500~1∶1000 的浓度进行饮水消毒；所有用过的料盘、料桶、水桶、饮水器等饲养器具进行洗刷消毒，晾干备用；每周用 20% 的石灰水或 3% 的烧碱溶液对鸡舍周围的环境进行严格的喷洒消毒 1 次。

（2）改善饲养管理条件，采用全进全出的生产制度

1）提供适宜的温度、湿度及良好的通风环境。注意调节鸡舍温度，冬季要做好鸡舍的维修和供暖设施的准备，在雨雪天气和寒流期间要注意保温；夏季高温来临前做好降温设备安装调试并保持适宜湿度。在保证室内温度和湿度的前提下尽可能通风换气，控制有害气体含量，1~3 周龄的肉仔鸡环境中氨气浓度应低于 10 毫克/米^3，4 周龄至出栏应低于 20 毫克/米^3，环境中硫化氢含量不能超过 10 毫克/米^3。鸡舍通风不良，氨气和硫化氢浓度高等因素均会使上呼吸道系统受损，进而引起呼吸系统疾病。同时加强垫料管理，每天翻动垫料 1~2 次，有利于氨气散发，使垫料保持干燥、疏松。

2）合理调配日粮，保证日粮的适口性好、营养全面、易于消化，同时注意日粮中适当增加禽用多种维生素和矿物质，以提高机体抵抗力。同时合理投喂饲料，冬季配料要考虑提高鸡体能量（可高出标准的 5%~10%），以提高鸡的御寒能力；夏季应适当多喂蛋白质饲料，因为蛋白质中的氮必须通过尿液排出去，因此要增加鸡的饮水量。

3）采用合理饲养密度，避免发生拥挤。一般 1~2 周龄每平方米 30~34 只；3~5 周龄每平方米 15~20 只；6 周龄至出栏每平方米 8~10 只。

4）实行全进全出的饲养制度。空场（舍）不少于 14 天，并对全场进行彻底地清洗、消毒。进雏后，定期进行带鸡消毒，以减少病原微生物和尘埃的污染，尽可能减少呼吸道疾病的发生。

（3）**做好疫苗的预防接种** 本病的疫苗有呼吸型毒株（如 H_{120}、H_{52}、M_{41} 等）和多价活疫苗以及油佐剂灭活疫苗。由于本病的发病日龄较早，建议采用以下免疫程序：雏鸡 1~3 日龄用 H_{120}（或 Ma5）滴鼻或点眼免疫，21 日龄用 H_{52} 滴鼻或饮水免疫，以后每 3~4 个月用 H_{52} 饮水 1 次。产蛋前 2 周用含有鸡传染性支气管炎毒株的灭活油乳剂疫苗免疫接种。

（4）**认真做好药物预防，防止并发症** 冬春季节为疾病多发季节，应饲喂营养剂和速补以增强抗病能力。细菌感染时可用喹诺酮类药物饮水投服，真菌性疾病可用制霉菌素或硫酸铜等饮水投服治疗。

（5）**消除发病诱发因素** 如气候突变、过冷过热、鸡群密度过大等，控制好环境因素是防止支原体或复合型慢性呼吸道病发生的最直接措施。

治疗方法

发现病鸡要及时隔离，确诊病例可用下列药物进行治疗：

对肾型传染性支气管炎，首先用 0.1% 的碳酸氢钠饮水 3 天，或 0.05%~0.1% 的阿司匹林混饲。降低日粮中蛋白质含量。合理地给予抗菌药，选用土霉素、多西环素、氟苯尼考、诺氟沙星、氨苄西林等，以控制继发感染。合理配制日粮，增加日粮中维生素（特别是维生素 A）含量。加强饲养管理，提高舍温，控制湿度。

中药方剂疗法有以下几种：

方剂 1 德信舒喘素：麻黄 30 克、苦杏仁 15 克、石膏 200 克、甘草 15 克、陈皮 50 克、制半夏 20 克。预防用量为 1000 克兑水 8000 千克。治疗用量为 1000 克兑水 4000 千克。可集中饮用，连用 4~5 天。

方剂 2 德信栓塞通：板蓝根 90 克、葶苈子 50 克、浙贝母 50 克、桔梗 30 克、陈皮 30 克、甘草 25 克。预防用量为 1000 克拌料 200 千克。治疗用量为 1000 克拌料 100 千克，或水煎过滤液兑水饮，药渣拌料饲喂，连用 3~5 天。

方剂 3 清瘟散：板蓝根 250 克、大青叶 100 克、鱼腥草 250 克、穿心莲 200 克、黄芩 250 克、蒲公英 200 克、金银花 50 克、地榆 100 克、薄荷 50 克、甘草 50 克。水煎取汁或开水浸泡拌料饲喂，供 1000 只鸡 1 天饮服或喂服，每天 1 剂，一般经 3 天好转。

⚠️ **注意**：如病鸡痰多、咳嗽，可加半夏、桔梗、桑白皮；粪稀，加白头翁；粪干，加大黄；喉头肿痛，加射干、山豆根、牛蒡子；热象重，加石膏、玄参。

方剂 4 定喘汤：白果 9 克（去壳砸碎炒黄）、麻黄 9 克、苏子 6 克、甘草 3 克、款冬花 9 克、杏仁 9 克、桑白皮 9 克、黄芩 6 克、半夏 9 克。加水 3 盅，煎成 2 盅，供 100 只鸡 2 次饮用，连用 2~4 天。

七、传染性喉气管炎

简介

传染性喉气管炎是由传染性喉气管炎病毒引起鸡的一种急性呼吸道传染病,临床上以发病急、传播快、呼吸困难、咳嗽、咳出血样渗出物,喉头和气管黏膜肿胀、糜烂、坏死、大面积出血和产蛋量下降等为特征。本病传播快,对养鸡业危害比较大。

病原与流行特点

传染性喉气管炎的病原属疱疹病毒Ⅰ型,病毒核酸为双股DNA。本病发病急、传播快,感染率高达90%~100%,死亡率5%~70%不等。自然条件下,主要感染鸡,各种日龄均可感染,成年鸡最易感。本病主要经呼吸道传播,一年四季都能发生,由于鸡传染性喉气管炎病毒对热抵抗力低,所以夏季发生少,以冬、春季节多见。病鸡和康复后的带毒鸡是主要传染源,呼吸排出的分泌物污染的垫草、饲料、饮水和用具可成为传播媒介。鸡群拥挤、通风不良、饲养管理不好、维生素缺乏、寄生虫感染等都可促使本病发生和传播。

临床症状

(1)**喉气管型** 由高致病性病毒株引起,其特征是呼吸困难,抬头、伸颈、气喘,并发出响亮的喘鸣声,表情极为痛苦,有的咳嗽甩头并从气管内甩出凝血块;有时卧下,身体随着一呼一吸而呈波浪式起伏。

(2)**结膜型** 由低致病性病毒株引起,其特征为眼结膜炎,结膜红肿,1~2天后流泪,眼分泌物从浆液性到脓性，最后导致眼盲，眶下窦肿胀。产蛋鸡产蛋率下降，畸形蛋增多。

病理变化

（1）**喉气管型** 最具特征性病变在喉头和气管。病鸡伸颈、张口、气喘、流泪，在喉和气管内有卡他性或卡他出血性渗出物，渗出物呈血凝块状堵塞喉和气管，病程长的则形成黄色干酪样物，鼻腔和眶下窦黏膜也发生卡他性或纤维素性炎。黏膜充血、肿胀，散布小点状出血。有些病鸡的鼻腔渗出物中带有血凝块或呈纤维素性干酪样物。产蛋鸡卵巢异常，出现卵泡变软、变性、出血等。

病鸡伸颈、张口、气喘、流泪

气管内可见血样内容物堵塞

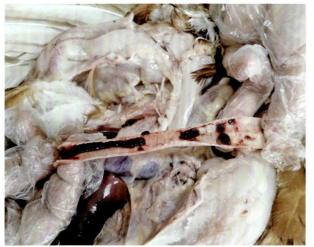
气管内有血条

喉部气管有出血点

喉头有黄白色干酪样物堵塞

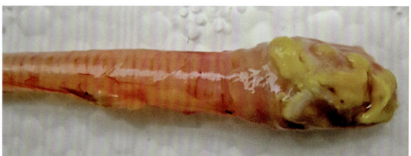
喉头有黄色干酪样物堵塞

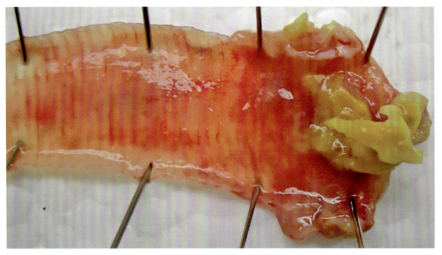

喉头有黄色干酪样物

气管黏膜出血，管腔内有血样黏液条

气管内的"血条"

气管内黑褐色"血条"

气管内鲜红色"血条"

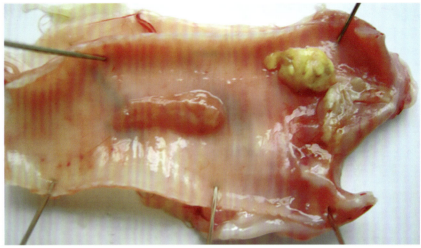
喉头糜烂并附着有纤维素性渗出物

（2）结膜型　有的病例单独侵害眼结膜，有的则与喉、气管病变合并发生。结膜病变主要呈浆液性结膜炎，表现为结膜充血、水肿，有时有点状出血。有些病鸡的眼睑，特别是下眼睑发生水肿，而有的则发生纤维素性结膜炎，角膜溃疡。

诊断要点

（1）临床特征　发病急、传播快、呼吸困难、咳嗽、咳出血样渗出物、产蛋量下降。
（2）剖检病变　喉头和气管黏膜肿胀、糜烂、坏死、大面积出血。

预防措施

（1）免疫接种　首免应选用毒力弱、副作用小的疫苗（如传染性喉气管炎-禽痘二联基因工程苗），二免可选择毒力强、免疫原性好的疫苗（如传染性喉气管炎弱毒疫苗）。下面提供几种免疫程序，供参考。

①未污染的蛋鸡和种鸡场：50日龄首免，选择冻干活疫苗，采用点眼的方式进行，90日龄时同样疫苗同样方法再免1次。

②污染的鸡场：30~40日龄首免，选择冻干活疫苗，采用点眼的方式进行，80~110日龄用同样疫苗同样方法二免；或20~30日龄首免，选择基因工程苗，以刺种的方式进行接种，80~90日龄时选用冻干活疫苗，采用点眼的方式进行二免。

（2）**加强饲养管理，严格检疫和淘汰** 改善鸡舍通风条件，注意环境卫生，并严格执行消毒卫生措施。不要引进病鸡和带毒鸡。病愈鸡不可与易感鸡混群饲养，最好将病愈鸡淘汰。

治疗方法

（1）**紧急接种** 用传染性喉气管炎活疫苗对鸡群做紧急接种，采用泄殖腔接种的方式。具体做法为：每克脱脂棉制成10个棉球，每只鸡用1个棉球，以每个棉球吸水10毫升的量计算稀释液，将疫苗稀释成每个棉球含有3倍的免疫量，将棉球浸泡其中后，用镊子夹取1个棉球，通过鸡肛门塞入泄殖腔中并旋转晃动，使疫苗能涂抹到泄殖腔四壁，然后松开镊子并拿出，让棉球暂留于泄殖腔中。

（2）**加强消毒和饲养管理** 发病期间用12.8%的戊二醛溶液按1:1000比例，10%的聚维酮碘溶液按1:500比例喷雾消毒，每天1次，交替进行；提高饲料蛋白质和能量水平，并注意营养的全面性和适口性。

（3）**对症疗法** 用麻杏石甘口服液给鸡饮水，用以平喘止咳，缓解症状；干扰素肌内注射，每瓶用250毫升生理盐水稀释后每只鸡注射1毫升；用喉毒灵给鸡饮水或中药制剂喉炎净散拌料饲喂，同时在饮水中加入林可霉素（每升饮水中加0.1克）或在饲料中加入多西环素粉剂（每50千克饲料中加入5~10克）以防止继发感染，连用4天；用0.02%的氨茶碱给鸡饮水，连用4天；饮水中加入黄芪多糖，连用4天。

（4）中药疗法

方剂 1 川贝母 150 克、栀子 200 克、桔梗 100 克、桑皮 250 克、紫苑 300 克、石膏 150 克、板蓝根 400 克、瓜蒌 200 克、麻黄 250 克、山豆根 200 克、金银花 100 克、黄芪 500 克、甘草 100 克，以上为 1000 只产蛋鸡 1 剂用量，加水煎服，药渣拌料喂鸡，1~2 天一剂，连用 2 剂。70 日龄蛋鸡用 1/2 量，30 日龄用 1/4 量。

方剂 2 德信舒喘素：麻黄 30 克、苦杏仁 15 克、石膏 200 克、甘草 15 克、陈皮 50 克、制半夏 20 克。预防用量为 1000 克兑水 8000 千克。治疗用量为 1000 克兑水 4000 千克。可集中饮用，连用 4~5 天。

方剂 3 咳喘康（板蓝根、葶苈子、浙贝母、桔梗、枇杷叶等），开水煎半小时，药汁中加入冷开水 20~25 千克饮服，连服 5~7 天。

八、鸡痘

简介

鸡痘是由鸡痘病毒引起的鸡的一种急性、接触性传染病，其特征是在无毛和少毛的皮肤上发生痘疹，或在口腔、咽喉部黏膜上形成纤维性坏死性伪膜。一般情况下呈良性经过，但可引起禽类生长缓慢、产蛋量下降。

病原与流行特点

鸡痘病毒属于双股 DNA 病毒目，痘病毒科，禽痘病毒属。各种年龄、性别和品种的鸡都能感染，但以雏鸡和青年鸡最常发病，雏鸡死亡率高。本病一年四季都能发生，秋冬两季最易流行，一般秋季和冬初发生皮肤型鸡痘较多，冬季则以黏膜型（白喉型）鸡痘为多。主要通过皮肤或黏膜的伤口感染，不会经过健康皮肤感染，也不会经口感染。病鸡脱落和破散的痘痂，是散布病毒的主要形式。打架、啄毛、交配等造成外伤，鸡群过分拥挤，鸡舍阴暗潮湿、通风不良，鸡体有内外寄生虫、营养不良、缺乏维生素等，均可促使本病发生和加剧病情。

临床症状

（1）皮肤型 皮肤型鸡痘的特征是在身体无毛或毛稀少的部分，特别是在鸡冠、肉髯、眼睑和喙角等处，亦可出现于泄殖腔的周围、翼下、腹部及腿等处。

（2）黏膜型（白喉型） 多发于雏鸡，病死率较高。此型鸡痘的病变主要在口腔、咽喉和眼等黏膜表面。初为鼻炎症状，2~3 天后先在黏膜上生成一种黄白色的小结节，稍凸出于黏膜表面，以后小结节逐渐增大并互相融合在一起，形成一层黄白色干酪样的伪膜，覆盖在黏膜上面。这层伪膜是由坏死的黏膜组织和炎性渗出物质凝固而形成的，很像人的白喉症，故称白喉型鸡痘或鸡白喉。

（3）混合型 本型是指皮肤和口腔黏膜同时发生病变，病情严重，死亡率高。

（4）败血型 在发病鸡群中，个别鸡无明显的痘疹，只是表现为下痢、消瘦、精神沉郁，逐渐衰竭而死，病鸡有时也表现为急性死亡。

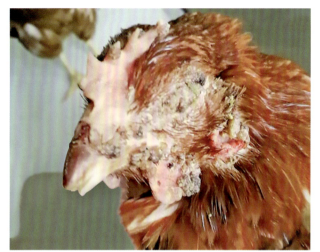

面部皮肤型鸡痘

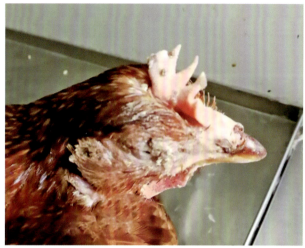

鸡冠、眼睑等部位皮肤型鸡痘

眼部皮肤型鸡痘

趾部皮肤型鸡痘

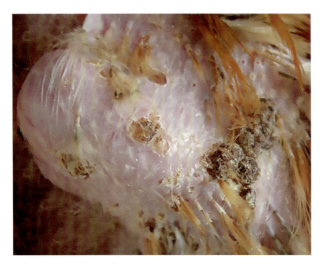
胸部皮肤型鸡痘

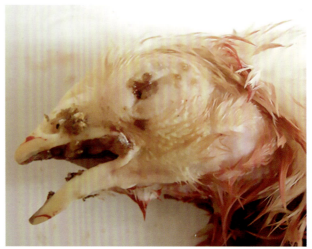
皮肤型及黏膜型（眼型）鸡痘

黏膜型（白喉型）鸡痘

病理变化

（1）**皮肤型** 特征性病变是局灶性表皮和其下层的毛囊上皮增生，形成结节。结节干燥前切开时出血、湿润，结节结痂后易脱落，出现瘢痕。

（2）**黏膜型（白喉型）** 黏膜表面稍微隆起白色结节，以后迅速增大，并常融合成黄色、奶酪样坏死的伪白喉或白喉样膜，将其剥去可见出血糜烂，炎症蔓延可引起眶下窦肿胀和食管发炎。痊愈后，在短时间内喉头或气管黏膜上仍留有瘢痕。

（3）**败血型** 其剖检变化表现为内脏器官萎缩，肠黏膜脱落，若继发引起网状内皮细胞增殖症病毒感染，则可见腺胃肿大，肌胃角质膜糜烂、增厚。

诊断要点

（1）**临床特征** 身体无毛或毛稀少出现痘疹。
（2）**剖检病变** 黏膜表面出现白色结节。

预防措施

（1）**免疫接种** 免疫预防使用的是活疫苗，常用的有鸡痘鹌鹑化疫苗F282E株（适合20日龄以上的鸡接种）、鸡痘汕系弱毒苗（适合小日龄鸡免疫）和澳大利亚引进的自然弱毒M株。疫苗开启后应在2小时内用完。接种方法采用刺种法或毛囊接种法，刺种法更常用，是用消过毒的钢笔尖或带凹槽的特制针蘸取疫苗，在鸡翅内侧无血管处皮下刺种；毛囊接种法适合40日龄以内鸡群，用消毒过的毛笔或小毛刷蘸取疫苗涂擦在颈背部或腿外侧拔去羽毛后的毛囊上。一般刺种后14天即可产生免疫力。雏鸡的免疫期为2个月，成年鸡的免疫期为5个月。一般免疫程序为：20~30日龄首免，开产前二免；或1日龄用弱毒苗首免，20~30日龄二免，开产前再免疫1次。

（2）**做好卫生防疫，杜绝传染源** 引进鸡种时应隔离观察，证明无病方可入场。驱除蚊虫和其他吸血昆虫。经常检查鸡笼和器具，以避免雏鸡外伤。

治疗方法

（1）**抗病毒** 请参考第一章禽流感有关治疗条目的叙述。

（2）**对症疗法** 皮肤型鸡痘一般不进行治疗，必要时可用镊子剥除痂皮，伤口涂擦紫药水或碘酊消毒。黏膜型鸡痘的口腔和喉黏膜上的伪膜，若妨碍病鸡的呼吸和吞咽运动，可用镊子除去伪膜，黏膜伤口处以碘甘油（碘化钾10克、碘片5克、甘油20毫升，混合后加蒸馏水100毫升）。眼部肿胀的，可用2%的硼酸溶液或0.1%的高锰酸钾溶液冲洗干净，再滴入一些5%的蛋白银溶液。剥离的痘痂、伪膜或干酪样物质要集中销毁，避免散毒。在饲料或饮水中添加抗生素如环丙沙星和氧氟沙星等，防止继发感染。同时在饲料中增添维生素A、鱼肝油等有利于鸡体的恢复。

（3）**中药疗法**

方剂1 将金银花、连翘、板蓝根、赤芍、葛根各20克，蝉蜕、甘草、竹叶、桔梗各10克，水煎取汁，备用。上述为100只鸡用量。用药液拌料喂服或饮服，连服3日，对治疗皮肤与黏膜混合型鸡痘有效。

方剂2 将大黄、黄柏、姜黄、白芷各50克，生南星、陈皮、厚朴、甘草各20克，天花粉100克，共研为细末，备用。临用前取适量药物置于干净盛器内，水酒各半调成糊状，涂于剥除鸡痘痂皮的创面上，每天2次，第3天即可痊愈。

九、心包积液－肝炎综合征

简介

心包积液－肝炎综合征（HHS）又名安卡拉病，1987年首次出现于巴基斯坦的安卡拉地区，是由Ⅰ群4型禽腺病毒（FAdV-4）毒株引起的。高致病性FAdV-4可感染各种禽类，各日龄的禽类对其均易感，给养禽业带来巨大的经济损失。自2015年以来，全国范围内均有HHS发生。本病是一种重要的新兴疾病，具有发病迅速、死亡率高、治疗药物少且效果不佳的特点。

病原与流行特点

本病病原为Ⅰ群4型禽腺病毒，FAdV-4主要感染3~5周龄的肉鸡，种鸡和蛋鸡偶有发生，鸽子、鹌鹑和鸭感染的病例也有报道。患病鸡在感染后的3~6天达到死亡高峰，发病率在10%~30%，死亡率在20%~80%。本病主要发生于夏季和阴雨季节，冬季也有零星发生，由于鸡舍内外温差较大、通风不佳、环境差，导致本病的发生与流行。FAdV-4可以垂直传播和水平传播。本病毒通过粪口途径在鸡群中传播时，病毒随排泄物进入外界环境，饲料和饮水被污染，使易感动物感染。

临床症状

病鸡多数病程很短，主要表现为精神沉郁，不愿活动，食欲减退，排黄色稀粪。鸡冠呈暗紫红色，呼吸困难。

病鸡精神高度沉郁，不愿走动

病理变化

多数鸡的心包积液十分明显，液体呈浅黄色、透明，内含胶冻样的渗出物；病鸡的心冠脂肪减少，呈胶冻样，且右心肥大、扩张；肝脏肿大，有的有点状出血或坏死点；腺胃与肌胃之间有明显出血，甚至呈现出血斑或出血带；肾脏稍微肿大，输尿管内尿酸盐增多；少数病死鸡有气囊炎，肾脏、脾脏、肺瘀血、出血、水肿。育雏期内发病的鸡，个别法氏囊有萎缩，多数未见明显变化。产蛋期发病的鸡，卵巢、输卵管均无异常。

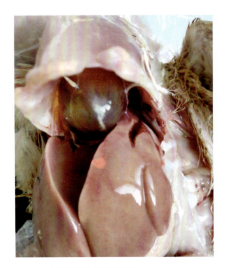

心包内大量浅黄色透明液体

心包积液、肝脏有出血点

心包腔的浅黄色透明液体

心包积液、肝硬化

心包积液及肝脏变性（一）

心包积液及肝脏变性（二）

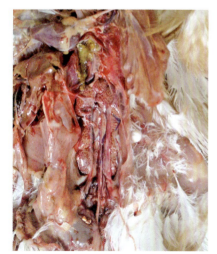
肾脏肿大与出血

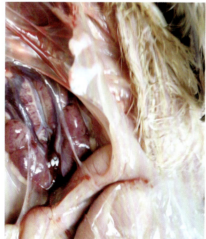
肾脏出血

脾脏出血与肾脏出血

  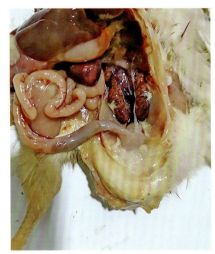

肝脏变性、出血　　　　　　　　　　　肾脏出血　　　　　　　　　　　　　脾脏出血、肾脏出血

诊断要点

（1）临床特征　鸡冠呈暗紫红色、呼吸困难、排黄色稀粪。
（2）剖检病变　心包积液、右心肥大。

预防措施

1）加强饲养管理，遵守卫生防疫制度，使用碘制剂消毒。加强鸡新城疫、鸡法氏囊病、大肠杆菌病的免疫，可减少本病的损失。
2）因本病可通过蛋传播，故凡患过本病的种鸡群，其蛋不能作种用。
3）本病也可经水平传播，故对病鸡应淘汰；经常用次氯酸钠进行环境消毒。
4）增强鸡体抗病能力，病鸡可以添加维生素K及微量元素如铁、铜、钴等，也可同时在饲料中添加相应的药物，以防继发其他细菌性感染。

5）传染性法氏囊病病毒和传染性贫血病毒可以增加本病毒的致病性，因此应加强这两种病的免疫，或从环境中消除这些病毒。

治疗方法

加强鸡舍通风、换气，进行环境消毒，每天早晚各1次，同时用抗菌、抗病毒药物防治继发感染。在饲料中添加多种维生素和微量元素，在饮水中加入0.07%~0.1%的碘液；将病鸡隔离饲养，用利尿药对症治疗，但治疗效果并不明显。使用自制卵黄治疗能取得一定的效果，但可能因卵黄带菌引起其他方面的感染发病，且不能排除复发的可能。

十、禽传染性脑脊髓炎

简介

禽传染性脑脊髓炎是一种主要侵害幼龄鸡的病毒性传染病，以共济失调和快速震颤，特别是头颈部的震颤为特征，故又称流行性震颤。

病原与流行特点

禽传染性脑脊髓炎病毒（AEV）属于小RNA病毒科的肠道病毒属。鸡对本病最易感，各个日龄均可感染，但一般雏鸡才有明显症状。一年四季均可发生，以冬、春季节稍多。雏鸡发病率一般为

40%~60%，死亡率为 10%~25%，甚至更高。本病既能垂直传播，也能水平传播，但以垂直传播为主。病毒通过肠道感染后，经粪便排毒，病毒在粪便中能存活相当长的时间。

临床症状

本病主要见于 3 周龄以下的雏鸡。病鸡最早症状是目光呆滞，随后发生进行性共济失调，驱赶时走动显得不能控制速度和步态，最终倒卧一侧。呆滞显著时可伴有衰弱的呻吟。刺激或骚扰可诱发病雏的颤抖，持续时间长短不一，并经不规则的间歇后再发。

病理变化

病鸡唯一可见的肉眼变化是腺胃的肌肉有细小的灰白区，个别雏鸡可发现小脑水肿、出血。组织学变化表现为非化脓性脑炎、脊髓背根神经炎、脑部血管有明显的管套现象。小脑分子层易发生神经元中央虎斑溶解，神经小胶质细胞弥漫性或结节性浸润。脊髓根中的神经元周围有时聚集大量淋巴细胞。此外尚有心肌、腺胃、肌胃肌层和胰脏淋巴小结的增生、聚集。

诊断要点

（1）**临床特征** 目光呆滞、共济失调。
（2）**剖检病变** 腺胃的肌肉有细小的灰白区。

预防措施

1）免疫接种。免疫接种分疫区和非疫区两种方式。
疫区的免疫程序：蛋鸡在 75~80 日龄时用弱毒苗饮水接种，开产前肌内注射灭活苗；或蛋鸡在

90~100日龄用弱毒苗饮水接种。种鸡在120~140日龄饮水接种弱毒苗或肌内注射禽传染性脑脊髓炎病毒油乳剂灭活疫苗。

⚠ 注意：接种后6周内，种蛋不能孵化。

非疫区的免疫程序：一律于90~100日龄时用禽传染性脑脊髓炎病毒油乳剂灭活苗肌内注射。禁用弱毒苗进行免疫。

2）严格检疫。不引进本病污染场的雏鸡。

治疗方法

本病尚无有效的治疗方法。一般地说，应将发病鸡群扑杀并做无害化处理。如有特殊需要，也可将病鸡隔离，给予舒适的环境，提供充足的饮水和饲料，饲料和饮水中添加维生素E、维生素B_1，避免尚能走动的鸡践踏病鸡等，可减少死亡。

十一、产蛋下降综合征

简介

产蛋下降综合征也称减蛋综合征（EDS-76）。本病是20世纪70年代后期发现的，是世界性的商品蛋鸡和母鸡产蛋量下降的一种病毒性疾病。群发性产蛋量下降、产蛋异常、蛋体畸形、蛋质低劣等症状是病鸡的主要表现。尽管它只对产蛋鸡致病，但其自然宿主是家鸭和野鸭。

病原与流行特点

病原为减蛋综合征病毒，属于腺病毒科禽腺病毒属的禽腺病毒Ⅲ群。所有品系的产蛋鸡都能感染，特别是产褐壳蛋的种鸡最易感。该病毒主要经卵垂直传播，种公鸡的精液也可传播；其次是鸡与鸡之间缓慢水平传播；或者是家养或野生的鸭、鹅或其他水禽，通过粪便污染饮水而将病毒传播给母鸡。本病无明显的季节性。

临床症状

典型症状：26~32周龄产蛋鸡群突然产蛋量下降，产蛋率比正常下降20%~30%，甚至达50%。病初时蛋壳颜色变浅，随之产畸形蛋，蛋壳粗糙变薄，易破损，软壳蛋和无壳蛋增多，达15%以上。鸡蛋的品质下降，蛋白稀薄呈水样。病程一般为4~10周，无明显的其他表现。

非典型症状：经过免疫接种但免疫效果差的鸡群发病症状会有明显差异，主要表现为产蛋期可能推迟，产蛋率上升速度较慢，高峰期不明显，少部分的鸡会产无壳蛋，且很难恢复。

病理变化

病鸡卵巢、输卵管萎缩变小或呈囊泡状，输卵管黏膜轻度水肿、出血，子宫部分水肿、出血，严重时形成小水疱。少部分鸡的生殖系统无明显的肉眼变化，只是子宫部的纹理不清晰，有轻微炎症。

诊断要点

（1）临床特征　产蛋量突然下降，产蛋率下降20%~30%，产畸形蛋、无壳蛋。
（2）剖检病变　输卵管萎缩变小或呈囊泡状、子宫部的纹理不清。

预防措施

1）由于本病是垂直传播，应注意不能使用来自感染鸡群的种蛋。

2）病毒能在粪便中存活，具有抵抗力，因此要有合理有效的卫生管理措施。严格控制外人及野鸟进入鸡舍，以防疾病传播。

3）对肉仔鸡采取全进全出的饲养方式，对空鸡舍进行全面卫生消毒后，空置一段时间方可进鸡。

4）对种鸡采取鸡群净化措施，即将40周龄以上的种鸡所产的种蛋孵化成雏后，分成若干小组，隔开饲养，每隔6周用HI试验测定抗体，一般测定10%~25%的鸡，淘汰阳性鸡。直到40周龄时，100%阴性雏鸡继续养殖。

5）120日龄可用鸡新城疫、传染性支气管炎、减蛋综合征三联油乳剂灭活疫苗注射免疫。如果为了确保种鸡的免疫效果，可在70日龄先免疫注射1次减蛋综合征油乳剂灭活疫苗，再在120日龄用三联油乳剂灭活疫苗免疫1次。在进行其他弱毒苗免疫时，应选用无其他特定病原（SPF），尤其是不含减蛋综合征病毒的疫苗。

治疗方法

一旦鸡群发病，在隔离、淘汰病鸡的基础上，可进行疫苗的紧急接种，以缩短病程，促进鸡群早日康复。本病目前尚无有效的治疗方法，多采用对症疗法。在产蛋恢复期，在饲料中可添加一些增蛋灵/激蛋散之类的中药制剂，以促进产蛋的恢复。

方剂1 德信益母增蛋散：黄芪40克、益母草20克、板蓝根20克、山楂60克、淫阳藿20克。拌料用量为1000克拌500千克，预防减半，连用5~7天。

方剂2 黄连50克，黄芪50克，黄柏50克，黄药子30克，白药子30克，大青叶、板蓝根、党参各50克，黄芪30克，甘草50克，粉碎过60目筛，混匀，按日粮的1%比例混于饲料中，连用5天。

十二、网状内皮组织增生症

简介

本病是由网状内皮组织增生症病毒引起的一种肿瘤性传染病,以贫血、生长缓慢、消瘦和多种内脏器官出现肿瘤、胸腺和法氏囊萎缩、腺胃炎为特征。本病还可侵害机体免疫系统,导致免疫功能下降或免疫抑制。

病原与流行特点

本病的感染率因鸡的品种、日龄和病毒的毒株不同而不同。雏鸡特别是1日龄雏鸡最易感;低日龄雏鸡感染后引起严重的免疫抑制或免疫耐受;较大日龄雏鸡感染后,不出现或仅出现一过性的病毒血症。病毒可通过口、眼分泌物及排出的粪便水平传播,也可通过蛋垂直传播。此外,商品疫苗的种毒如果受到本病病毒的意外污染,特别是马立克氏病疫苗和鸡痘疫苗,会人为造成全群感染。

临床症状

(1) **急性网状内皮细胞肿瘤病型** 潜伏期较短,一般为3~5天,死亡率高,常发生在感染后的6~12天,新生雏鸡感染后死亡率可高达100%。病鸡精神委顿、食欲不振,羽毛粗乱,贫血,生长停滞,发育不良。

(2) **矮小病综合征病型** 病鸡羽毛发育不良,腹泻,垫料易潮湿(俗称湿垫料综合征),生长停滞、消瘦,成为瘦小和羽毛稀少鸡;有的鸡运动失调、肢体麻痹;有的鸡表现为精神沉郁呆立嗜睡。

病理变化

(1) 急性网状内皮细胞肿瘤病型　病鸡法氏囊重量减轻、严重萎缩，滤泡缩小，滤泡中心淋巴细胞减少和坏死。胸腺充血、出血、萎缩、水肿。肝脏、脾脏、肾脏、心脏、胸腺、卵巢、法氏囊、胰腺和性腺等有灰白色点状结节和淋巴瘤增生。

(2) 矮小病综合征病型　剖检见胸腺和法氏囊萎缩，并有腺胃炎、肠炎、贫血等症状。感染毒力较低毒株的鸡，明显消瘦，外周神经肿大，肝脏、脾脏肿大。

诊断要点

(1) 临床特征　贫血、生长缓慢、消瘦。
(2) 剖检病变　多种内脏器官出现肿瘤，胸腺、法氏囊萎缩，腺胃炎。

预防措施

目前尚无有效预防本病的疫苗。在预防上主要是采取一般性的综合措施，防止引入带毒母鸡，加强原种鸡群中本病抗体的检测，淘汰阳性鸡，同时对鸡舍进行严格消毒。平时进行相关疫苗的免疫接种时，应选择SPF（无特定病原菌）鸡胚制作的疫苗，防止疫苗的带毒污染。

治疗方法

目前尚无有效的治疗方法。一旦发病，应隔离病鸡和同群鸡，鸡舍及周围进行彻底消毒，对重症病鸡应立即扑杀，并连同病死鸡、粪便、羽毛及垫料等进行深埋或焚烧等无害化处理。

十三、鸡病毒性关节炎

简介

鸡病毒性关节炎是一种由禽呼肠孤病毒引起的鸡的重要传染病。病毒主要侵害关节滑膜、腱鞘和心肌,引起足部关节肿胀,腱鞘发炎,继而使腓肠腱断裂。病鸡行动不便,跛行或不愿走动,采食困难,生长停滞。

病原与流行特点

病毒性关节炎的病原为禽呼肠孤病毒。鸡和火鸡是已知的本病的自然宿主和试验宿主。病毒主要经空气传播,也可通过污染的饲料经消化道传播,经蛋垂直传播的概率很低,约为1.7%。本病一年四季均可发生。

临床症状

急性感染时,可见跛行,甚至因腓肠肌肌腱坏死而断裂,导致鸡不能站立,有些鸡发育不良。慢性感染跛行更显著,有一小部分病鸡的踝关节不能活动。有时可能看不到关节炎/腱鞘炎的临床症状,但在屠宰时可见趾屈肌腱区域肿大。这样的鸡群增重慢,饲料转换率低,总死亡率高,屠宰废弃率高,属于不明显感染。

病理变化

病死鸡剖检时可见关节囊及腱鞘水肿、充血或出血,趾伸肌腱和趾屈肌腱发生炎性水肿,造成病鸡小腿肿胀增粗，跗关节较少肿胀，关节腔内有少量渗出物，呈黄色透明，或带血或有脓性分泌物。慢性型可见腱鞘粘连、硬化，软骨上出现点状溃疡、糜烂、坏死，骨膜增生，骨干增厚。严重病例可见肌腱断裂或坏死。

诊断要点

（1）**临床特征** 跛行、不能站立、关节炎/腱鞘炎。

（2）**剖检病变** 关节囊及腱鞘水肿、腱鞘粘连、肌腱断裂或坏死。

预防措施

（1）**免疫接种** 1~7日龄和4周龄各接种1次弱毒苗，开产前2~3周接种1次灭活苗。

⚠ **注意：**不要和马立克氏病疫苗同时免疫，以免产生干扰现象。

（2）**加强饲养管理** 做好环境的清洁、消毒工作，防止感染源传入。对肉鸡/火鸡、种鸡采用全进全出的饲养程序是非常有效地控制本病的重要预防措施。不从受本病感染的种禽场进鸡/火鸡。

治疗方法

本病尚无有效治疗方法，发现病鸡可剔出集中隔离饲养，病情严重的应予以淘汰以免扩大感染面。免疫接种是预防本病的有效方法，蛋鸡可在开产前注射油乳剂灭活苗，产生的抗体可通过卵传递给雏鸡，一般可使雏鸡3周内不被感染。雏鸡可在1~7日龄和4周龄各接种1次弱毒苗，在开产前再注射1次油乳剂灭活苗。

十四、鸡传染性贫血病

简介

鸡传染性贫血病又名鸡贫血因子病，是由鸡传染性贫血病病毒引起雏鸡的以再生障碍性贫血和全身性淋巴组织萎缩为特征的一种免疫抑制性疾病。其特征是再生障碍性贫血，全身淋巴组织萎缩，以致造成免疫抑制，因此加重和导致其他疾病发生。

病原与流行特点

病原是鸡传染性贫血病病毒（CIAV），鸡是本病毒唯一的宿主，所有年龄的鸡都可感染，自然发病多见于2~4周龄，有混合感染时发病可超过6周龄。发病率100%，死亡率10%~50%，肉鸡比蛋鸡易感，公鸡比母鸡易感。病鸡和带毒鸡是本病的主要传染源，主要经蛋垂直传播，也可经呼吸道、免疫接种、伤口等水平传播。

临床症状

其特征性症状是严重的免疫抑制和贫血，其他可见精神不振，机体苍白，发育不良，软弱无力，死亡率增加等。死亡高峰发生在出现临床症状后的5~6天，其后逐渐下降，再过5~6天恢复正常。有的可能有腹泻，全身性出血或头颈皮下出血、水肿。血稀如水、颜色变浅，血凝时间长，血细胞比容值下降，红细胞、白细胞数显著减少。

病鸡精神不振、机体苍白

病鸡发育不良、软弱无力

病理变化

病鸡血凝不良、血液稀薄如水，其特征性的病变是骨髓萎缩，呈脂肪色、浅黄色或浅红色，常见有胸腺萎缩、出血，甚至完全退化而呈深红褐色。法氏囊萎缩，体积缩小，外观呈半透明状。肝脏、肾脏贫血呈土黄色，肝脏发育不良、有纤维样病变。心脏变圆且柔软，心外膜表面有出血点。肺贫血而浅白。骨骼肌贫血且有明显出血。胸肌苍白，有条斑状出血。肌胃和腺胃固有层黏膜出血，严重的出现肌胃黏膜糜烂和溃疡。十二指肠、嗉囊也常见出血点，皮肤内面出血，白羽病鸡皮肤表面出血。

血凝不良、血液稀薄如水

肾脏变浅、发黄

骨髓颜色变浅

皮肤内面出血

第一章 病毒性疾病

十二指肠黏膜出血

嗉囊黏膜出血

腺胃浆膜面可见出血变化

腺胃黏膜出血

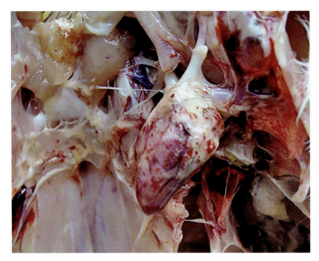

心外膜出血

胸肌苍白，有条斑状出血

肝脏发育不良，有纤维样病变

白羽病鸡皮肤表面出血

诊断要点

（1）**临床特征**　免疫抑制、贫血。
（2）**剖检病变**　骨髓萎缩、胸腺萎缩、骨骼肌贫血。

预防措施

（1）**免疫接种**　目前全球成功应用的疫苗为活疫苗，如德国罗曼动物保健有限公司的 Cux-1 株活疫苗，可以经饮水途径接种 8 周龄至开产前 6 周龄的种鸡，使子代获得较高水平的母源抗体，有效保护子代抵抗自然野毒的侵袭。

⚠ **注意**：不能在开产前 3~4 周龄时接种，以防止本病毒通过种蛋传播。

（2）**加强饲养管理和卫生消毒措施**　实行严格的环境卫生和消毒措施，采取全进全出的饲养方式和封闭式饲养制度。鸡场应做好鸡马立克氏病、鸡传染性法氏囊病等免疫抑制性病的疫苗免疫接种工作，避免因霉菌毒素或其他传染病导致的免疫抑制。

治疗方法

本病无特效治疗方法，可使用抗生素防止并发或继发感染，饲料中增加维生素、微量元素、氨基酸等可减缓病情，降低死亡，对缩短病程及病鸡的耐过康复有积极作用。

鸡病类症鉴别与诊治彩色图谱

第二章
细菌性疾病

一、沙门菌病

简介

鸡沙门菌病是由沙门菌属中的一种或几种沙门菌引起的鸡的急性或慢性疾病的总称。由鸡白痢沙门菌引起的称为鸡白痢，由鸡伤寒沙门菌引起的称为禽伤寒。禽副伤寒是指除鸡白痢和禽伤寒以外，由其他沙门菌感染引起的传染病的总称，各种家禽均可感染。

病原与流行特点

病原为沙门菌属中的一种或几种沙门菌。

1）鸡白痢的流行特点为各品种、各年龄的鸡均可发生，主要侵害雏鸡，出壳后2周内的幼雏常呈急性败血症，发病率和病死率较高。成年鸡为慢性发病，严重影响产蛋，可垂直传播，几乎无法彻底消除。

2）禽伤寒的流行特点为各种年龄鸡均可发病，多发于成年鸡，雏鸡也有时发生，可垂直传播。主要经消化道和眼结膜等途径感染，多为散发，也会呈流行或暴发。自然发病死亡率为10%~50%。

3）禽副伤寒主要危害1月龄内的雏鸡，可造成雏鸡大批死亡，致死率为10%~20%，成年鸡则为慢性或隐性感染。本病既可经卵传播，也可经消化道传播。鼠、鸟、昆虫也能传播本病。

临床症状

（1）鸡白痢

1）雏鸡。3周龄以内雏鸡的临床症状较为典型，怕冷、扎堆、尖叫、两翅下垂、反应迟钝、不食或少食、拉白色糊状或带绿色的稀粪。稀粪沾染肛门周围的绒毛，粪便干后结成石灰样硬块，常常堵塞肛门，发生"糊肛"现象，影响排粪。

2）育成鸡。多发生于 40~80 日龄，青年鸡的发病受应激因素的影响较大。一般突然发生，呈现零星突然死亡，从整体上看鸡群没有什么异常，但鸡群中总有几只鸡精神沉郁、食欲不振和腹泻。

3）成年鸡。一般呈慢性经过，无任何症状或仅出现轻微症状。

（2）**禽伤寒** 雏鸡和雏火鸡发病时的临床症状与鸡白痢较为相似。青年鸡或成年鸡和火鸡发病后常表现为突然停食，精神委顿，两翅下垂，

病鸡精神沉郁、食欲不振

冠和肉髯苍白，体温升高 1~3℃，由于肠炎和肠中胆汁增多，病鸡排出黄绿色稀粪。

（3）**禽副伤寒** 雏鸡主要表现为精神沉郁、呆立、垂头闭眼，羽毛松乱，恶寒怕冷，食欲减退，饮水增加，水样腹泻。有些雏鸡可见结膜炎和失明。成年鸡一般不表现症状。

病理变化

（1）鸡白痢

1）雏鸡。病雏鸡/死雏鸡卵黄吸收不良，呈污绿色或灰黄色奶油样或干酪样。肝脏、脾脏、肾脏肿胀，有散在或密布的坏死点。肾脏充血或贫血，肾小管和输尿管充满尿酸盐呈花斑状。盲肠膨大，有干酪样物阻塞。"糊肛"鸡见直肠积粪。病程稍长者，在肺和心脏上有黄白色米粒大小的坏死结节。

2）育成鸡。肝脏肿大至正常的数倍，呈青铜色，质地极脆，一触即破，有散在或较密集的小红点或小白点，有时可见黄色坏死灶；脾脏肿大；心脏严重变形、变圆、坏死，心包增厚，心包扩张，心

包膜呈黄色不透明状，心肌有黄色坏死灶，心脏形成肉芽肿；肠道呈卡他性炎症，盲肠、直肠形成粟粒大小的坏死结节。

3）成年鸡。成年母鸡主要剖检病变为卵子变形、变色，有腹膜炎，伴有急性或慢性心包炎；成年公鸡出现睾丸炎或睾丸极度萎缩，输精管管腔增大，充满稠密的均质渗出物。

（2）**禽伤寒** 病/死青年鸡和成年鸡剖检可见肝脏充血、肿大并染有胆汁，呈青铜色或绿色，质脆，表面时常有散在性的灰白色粟米状坏死小点，胆囊充斥胆汁而膨大；脾脏与肾脏呈显著的充血肿大，表面有细小的坏死灶。

（3）**禽副伤寒** 病程稍长时可见消瘦、脱水、卵黄凝固、肝脾充血、出血或有点状坏死，肾脏充血，心包炎等。肌肉感染处可见肌肉变性、坏死。

肝脏肿大，可见黄色坏死灶

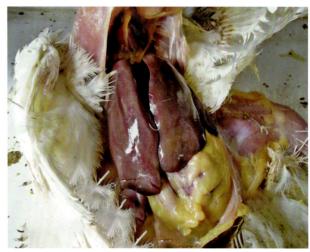

肝脏肿大，呈青铜色

肝脏肿大，可见黄白色坏死点

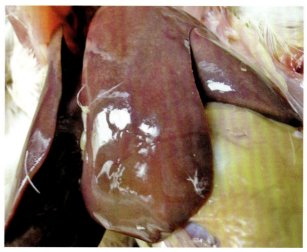
肝脏肿大，有针尖大的黄色坏死灶

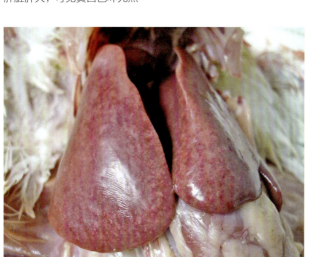
肝脏肿大，有大量黄色坏死灶

心脏有白色结节（一）

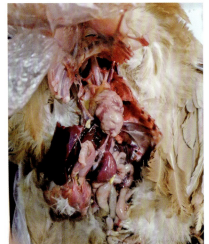

心肌上可见明显白色肉芽肿

心肌肉芽肿

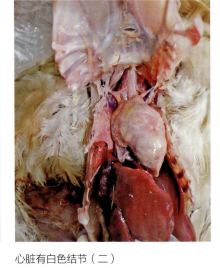

心脏有白色结节（二）

十二指肠肠壁上的肉芽组织增生灶

回肠壁的白色增生结节

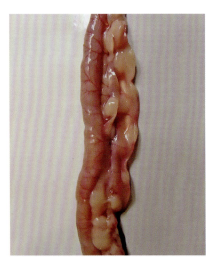

胰腺上出现肉芽组织增生

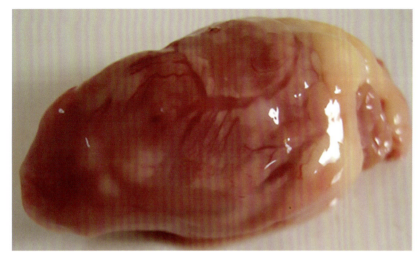
心肌上出现肉芽组织增生

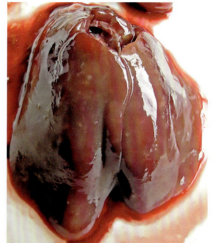
肝脏出现大量坏死灶

肝脏肿大呈青铜色并出现点状出血，脾脏肿大

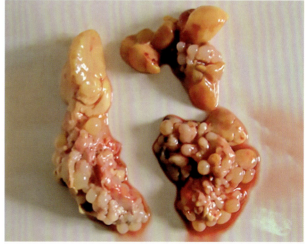
卵泡呈现凝固性坏死

诊断要点

（1）临床特征　出现"糊肛"、冠和肉髯苍白、水样腹泻。
（2）剖检病变　肺脏上有黄白色米粒大小的坏死结节、出现"青铜肝"。

预防措施

1）定期检疫，净化种鸡群。挑选和引进健康种鸡、种蛋，建立健康鸡群。在健康鸡群中，对 40~70 天的中雏进行检疫，淘汰阳性鸡及可疑鸡。每年春秋两季对种鸡定期用血清凝集试验进行全面检疫及不定期抽查检疫。在有病鸡群，应每隔 2~4 周检疫 1 次，经 3~4 次后一般可把带菌鸡全部检出淘汰，但有时也须反复多次才能检出。

2）采用全进全出和自繁自养的生产模式。

3）加强雏鸡的饲养管理及卫生，鸡舍及一切用具要注意经常清洁消毒。

4）种蛋入孵前要做好孵化室、孵化机及所有用具的清扫、冲洗和消毒工作。种蛋来自无病鸡群，入孵前要消毒，用 0.1% 的新洁尔灭溶液喷洒、洗涤消毒，或用 0.5% 的高锰酸钾溶液浸泡 1 分钟，或用 1.5% 的漂白粉溶液浸泡 3 分钟，再用福尔马林熏蒸消毒 30 分钟。

5）药物预防。雏鸡出壳后用福尔马林 14 毫升/米^3、高锰酸钾 7 克/米^3，在出雏器中熏蒸 15 分钟。用 0.01% 的高锰酸钾溶液饮服 1~2 天。在鸡白痢易感日龄期间，用 0.008% 的诺氟沙星饮服，或在雏鸡粉料中拌入 0.5% 的磺胺类药物，有利于控制鸡白痢的发生。

治疗方法

①氨苄西林：注射用氨苄西林钠按每千克体重 10~20 毫克 1 次肌内注射或静脉注射，每天 2~3 次，连用 2~3 天。氨苄西林钠胶囊按每千克体重 20~40 毫克 1 次内服，每天 2~3 次。55% 氨苄西林钠可溶性粉按每升饮水 600 毫克混饮。

②链霉素：注射用硫酸链霉素按每千克体重 20~30 毫克 1 次肌内注射，每天 2~3 次，连用 2~3 天。硫酸链霉素片按每千克体重 50 毫克内服，或按每升饮水 30~120 毫克混饮。

③卡那霉素：25% 的硫酸卡那霉素注射液按每千克体重 10~30 毫克 1 次肌内注射，每天 2 次，连用 2~3 天，或按每升饮水 30~120 毫克混饮 2~3 天。

④庆大霉素（正泰霉素）：4% 的硫酸庆大霉素注射液按每千克体重 5~7.5 毫克 1 次肌内注射，每天 2 次，连用 2~3 天。硫酸庆大霉素片按每千克体重 50 毫克内服，或按每升饮水 20~40 毫克混饮 3 天。

⑤新霉素（弗氏霉素、新霉素 B 硫酸新霉素）：硫酸新霉素片按每千克饲料 70~140 毫克混饲 3~5 天。3.25%、6.5% 的硫酸新霉素可溶性粉按每升饮水 35~70 毫克混饮 3~5 天。蛋鸡禁用，肉鸡休药期为 5 天。

⑥土霉素（氧四环素）：注射用盐酸土霉素按每千克体重 25 毫克 1 次肌内注射。土霉素片按每千克体重 25~50 毫克 1 次内服，每天 2~3 次，连用 3~5 天；或按每千克饲料 200~800 毫克混饲。盐酸土霉素水溶性粉按每升饮水 150~250 毫克混饮。

⑦甲砜霉素：甲砜霉素片按每千克体重 20~30 毫克 1 次内服，每天 2 次，连用 2~3 天。5% 的甲砜霉素散，按每千克饲料 50~100 毫克混饲。

二、大肠杆菌病

简介

大肠杆菌病是由大肠埃希氏菌的某些血清型所引起的一类疾病的总称。对家禽有致病性的血清型以 O_2、O_{78}、O_1 常见，占 80% 以上。本病特征包括心包炎、气囊炎、败血症、脐炎、眼炎、卵黄性腹膜炎或慢性肉芽肿。

病原与流行特点

病原为大肠杆菌。本病一年四季均可发生，但冬、夏季发病较多，各种年龄的家禽均可感染，肉用仔鸡最易感染，蛋鸡有一定的抵抗力。本病可通过消化道、呼吸道传播。大肠杆菌属于条件性致病菌，当各种应激因素造成机体免疫功能下降时，就会发生本病，因此本病常成为某些传染病的并发性或继发性疾病，混合感染时则治疗难度高。

临床症状

（1）脐炎型　主要发生于出壳不久的雏鸡，出现"糊肛"现象。病鸡全身衰弱，闭眼垂翅，不愿走动，食欲下降或废绝。

（2）急性败血型　精神委顿、眼半闭、缩颈呆立、两翅下垂、腹式呼吸、食欲下降或不食；部分病鸡排灰白色、黄白色或黄绿色稀粪。

（3）气囊炎型　常见于5~12周龄的青年鸡，以6~9周龄发病最多。本型常呈继发感染，多因患慢性呼吸道病、传染性支气管炎、非典型新城疫时，机体的抗病力下降，而对大肠杆菌的易感性增加，当空气或灰尘中的大肠杆菌被吸入呼吸道而继发本病。

（4）全眼球炎型　一般发生于大肠杆菌败血型的后期，为单侧性或双侧性。病初表现为眼结膜潮红、眼睑肿胀，眼前房有浆液性分泌物。

（5）肉芽肿型　较为少见，一般发生于肝脏、心脏、盲肠和十二指肠上，肠管肿胀出血，角膜上有土黄色脓肿或肉芽肿结节，约小米粒至绿豆粒大不等，肠管粘连不易分离。

（6）卵巢、输卵管炎型　主要发生于产蛋母鸡，多与沙门菌混合感染，呈慢性经过。病鸡精神、食欲尚正常，排灰黑色或黄绿色粪便，鸡冠发白、发红或发紫、无光泽、萎缩并倒向一边。产蛋量减少，而破壳蛋、畸形蛋增多，蛋壳褪色变白或发灰，蛋壳表面粗糙不平，蛋壳上有针头至米粒大小不等的褐色斑点。

（7）滑膜炎型　一般发生于雏鸡和青年鸡，但发病率低，呈少数零星发病。病鸡表现为关节肿胀、跛行、走路极为困难。

病理变化

（1）脐炎型　脐环肿大、皮下有暗红色或黑红色液体。卵黄囊吸收不良，充满黄绿色稀薄液体；胆囊涨满；肝脏肿大，质脆呈土黄色或暗红色；直肠部扩张呈囊状，充满黄白色或黄绿色稀粪。

排出灰黑色稀粪

（2）急性败血型　以心包炎、肝周炎、腹膜炎为特征，有的表现为气管弥漫性出血甚至严重出血，肺、脾脏、肾脏、腺胃瘀血、出血、水肿，胰腺和法氏囊潮红水肿、心内、外膜出血。肠炎及肠管粘连，并有浅黄色或橙黄色腹水。

气管黏膜弥漫性出血

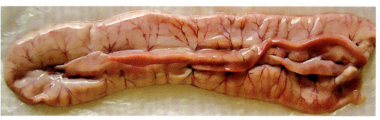

胰腺充血潮红

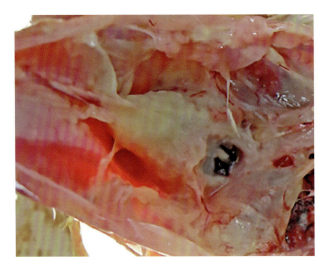

心包炎与气囊炎

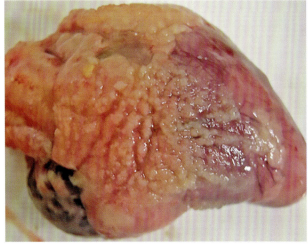

心包炎

大批死亡，呈现心包炎、肝被膜炎和气囊炎

呈现严重的心包炎和肝被膜炎

心内膜出血

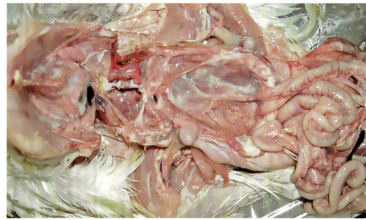

心包炎、气囊炎、腹膜炎

心包炎与肝周炎

肝被膜炎

肝被膜炎及腹膜炎

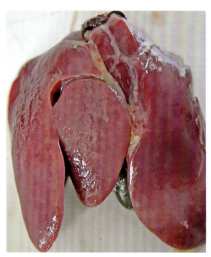

肝脏肿大、瘀血，呈现肝被膜炎

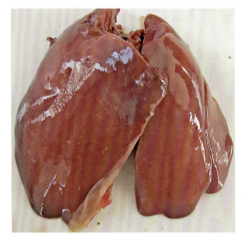

肝被膜炎，肝脏肿大、坏死

肝脏和脾脏肿大、瘀血、出血

肺瘀血、出血、水肿

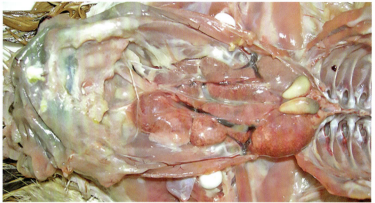
腺胃轻度肿胀,黏膜潮红、出血

肾脏肿大、瘀血、出血

（3）气囊炎型　多侵害胸气囊和腹气囊，表现为囊壁增厚、浑浊，囊内常含有黄白色干酪样渗出物。

（4）全眼球炎型　眼睑肿胀，严重时上下眼睑粘连，随后分泌物形成黄白色干酪样，挤出分泌物后见角膜穿孔，最终失明，因饮水采食困难而衰竭死亡。

（5）肉芽肿型　心脏与心包粘连不易分离。肝脏上可见局灶性、不规则的黄色坏死区，严重时整叶肝脏都可发生。

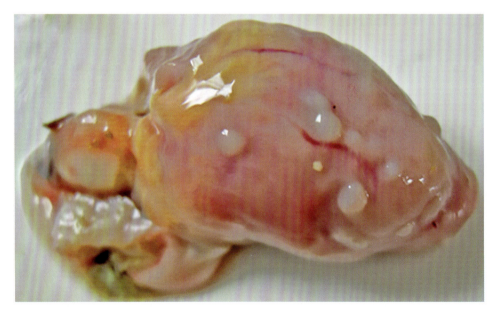

心肌出现白色肉芽肿

（6）卵巢、输卵管炎型　卵巢发炎，卵泡变性呈污红色，较大一些的卵黄变稀变软，输卵管及泄殖腔发炎、出血，有的在输卵管内蓄积有大量干酪样卵黄而阻塞输卵管。输卵管内的干酪样物剖开呈"年轮"状。

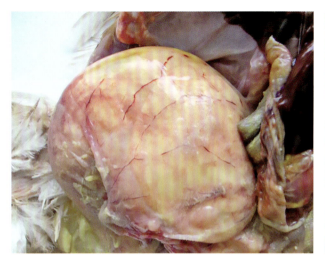
输卵管内蓄积大量干酪样物

输卵管内的干酪样物剖开呈"年轮"状

卵泡变性、出血、发暗污色

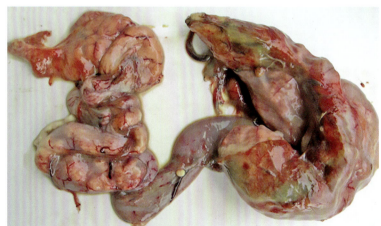
输卵管内有大小不等的干酪样物

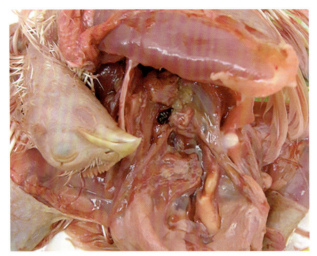

雏鸡输卵管内有干酪样物

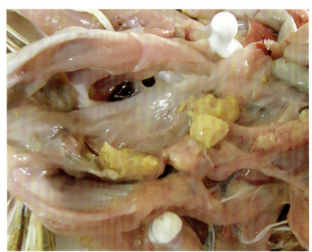

雏鸡输卵管内的黄色干酪样物

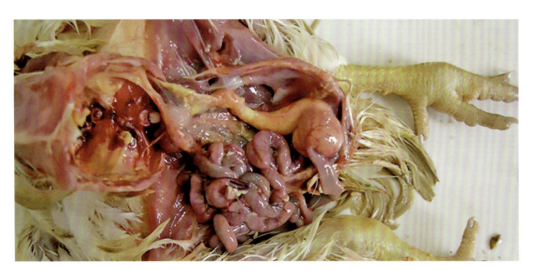

雏鸡输卵管内的干酪样物

（7）滑膜炎型　关节腔蓄积有少量的黄色黏稠液体，滑膜肿胀。

诊断要点

（1）临床特征　"糊肛"、排灰白色、黄白色或黄绿色稀粪、眼前房有浆液性分泌物。

（2）剖检病变　心包炎、肝周炎、腹膜炎、气囊炎、肉芽肿、滑膜炎。

关节腔内出现浑浊的黄色黏稠液体

预防措施

（1）免疫接种　为确保免疫效果，须用与鸡场血清型一致的大肠杆菌制备的甲醛灭活苗、大肠杆菌灭活油乳苗、大肠杆菌多价氢氧化铝苗或多价油佐剂苗进行两次免疫，第一次接种时间为4周龄，第二次接种时间为18周龄，以后每隔6个月进行1次加强免疫注射。体重在3千克以下的鸡皮下注射0.5毫升，体重在3千克以上的鸡皮下注射1毫升。

（2）建立科学的饲养管理体系　大肠杆菌病在临床上虽然可以使用药物控制，但不能达到永久的效果，加强饲养管理，搞好鸡舍和环境的卫生消毒工作，避免各种应激因素显得至关重要。具体做到以下几点：①种鸡场要及时收捡种蛋，避免种蛋被粪便污染。②搞好种蛋、孵化器及孵化全过程的清洁卫生及消毒工作。③注意育雏期间的饲养管理，保持较稳定的温度、湿度（防止时高时低），做好饲养管理用具的清洁卫生。④控制鸡群的饲养密度，防止过分拥挤。保持空气流通、新鲜，防止有害气体污染。定期消毒鸡舍、用具及养鸡环境。⑤增加饲料中蛋白质和维生素E的含量，提高鸡体抗病能力。防止饮水污染，做好水质净化和消毒工作。鸡群可以不定期地饮用"生态王"，维持肠道正常菌群的平衡，减少致病性大肠杆菌的侵入。

（3）建立良好的生物安全体系　正确选择鸡场场址，场内规划应合理，尤其应注意鸡舍内的通风。消灭传染源，减少疫病发生。重视新城疫、禽流感、传染性法氏囊病、传染性支气管炎等传染病的预防，重视免疫抑制性疾病的防控。

（4）药物预防　药物预防有一定的效果，一般在雏鸡出壳后开食时，在饮水中加入庆大霉素（剂量为0.04%~0.06%，连饮1~2天）或其他广谱抗生素；或在饲料中添加微生态制剂，连用7~10天。

治疗方法

（1）西药疗法

①头孢噻呋：注射用头孢噻呋钠或5%的盐酸头孢噻呋混悬注射液，雏鸡按每只0.08~0.2毫克颈部皮下注射。

②氟苯尼考：氟苯尼考注射液按每千克体重20~30毫克1次肌内注射，每天2次，连用3~5天；或按每千克体重10~20毫克1次内服，每天2次，连用3~5天。10%的氟苯尼考散按每千克饲料50~100毫克混饲3~5天。以上均以氟苯尼考计。

③安普霉素：40%的硫酸安普霉素可溶性粉按每升饮水250~500毫克混饮5天。以上均以安普霉素计。产蛋期禁用，休药期7天。

④诺氟沙星：2%的烟酸或乳酸诺氟沙星注射液按每千克体重10毫克1次肌内注射，每天2次。2%、10%的诺氟沙星溶液按每千克体重10毫克1次内服，每天1~2次；或按每千克饲料50~100毫克混饲，或按每升饮水100毫克混饮。

⑤环丙沙星：2%的盐酸或乳酸环丙沙星注射液按每千克体重5毫克1次肌内注射，每天2次，连用3天；或按每千克体重5~7.5毫克1次内服，每天2次。2%的盐酸或乳酸环丙沙星可溶性粉按每升饮水25~50毫克混饮，连用3~5天。

⑥恩诺沙星：0.5%、2.5%的恩诺沙星注射液按每千克体重2.5~5毫克1次肌内注射，每天1~2次，

连用 2~3 天。恩诺沙星片按每千克体重 5~7.5 毫克 1 次内服,每天 1~2 次,连用 3~5 天。2.5%、5% 的恩诺沙星可溶性粉按每升饮水 50~75 毫克混饮,连用 3~5 天。休药期 8 天。

⑦甲磺酸达氟沙星:2% 的甲磺酸达氟沙星可溶性粉或溶液按每升饮水 25~50 毫克混饮 3~5 天。

(2)中药疗法

方剂 1　黄柏 100 克、黄连 100 克、大黄 50 克,加水 1500 毫升,微火煎至 1000 毫升,取药液;药渣加水如上法再煎 1 次,合并两次煎成的药液以 1∶10 的比例稀释饮水,供 1000 只鸡饮水,每天 1 剂,连用 3 天。

方剂 2　黄连、黄芩、栀子、当归、赤芍、丹皮、木通、知母、肉桂、甘草、地榆炭按一定比例混合后,粉碎成粗粉,成年鸡每次 1~2 克,每天 2 次,拌料饲喂,连喂 3 天;症状严重者,每天 2 次,每次 2~3 克,做成药丸填喂,连喂 3 天。

三、传染性鼻炎

简介

传染性鼻炎是由副鸡嗜血杆菌引起鸡的急性呼吸系统疾病,主要症状为鼻腔和窦的炎症,表现为流涕、面部肿胀和结膜炎。本病常见于青年鸡和产蛋鸡,呈地方流行性或散发,主要危害是阻碍生长,使产蛋母鸡的产蛋量减少 10%~40%。

病原与流行特点

副鸡嗜血杆菌分为 A、B、C 三个血清型,兼性厌氧。通过生长特性实验发现,C 型菌的持续感染能力最强，B 型菌次之，A 型菌最弱。

各种年龄的鸡均易感，其中 4 周龄以上的育成鸡以及产蛋鸡的敏感性较高，而 1 周龄以下的雏鸡通常对本病具有一定的抵抗力；秋冬寒冷季节容易发生；病鸡和隐性带菌鸡是主要传染源，且通过呼吸道和消化道排泄物进行传播。

临床症状

本病潜伏期为 1~3 天，传播速度快，3~5 天波及全群。病鸡从鼻孔流出浆液性或黏液性分泌物。鼻孔粘有污物，眼周围肿胀，眶下窦及眼部肿胀。一侧或两侧颜面部高度肿胀，鸡冠和肉髯发绀。育成鸡开产延迟，幼龄鸡生长发育受阻。

鼻孔流出黄色黏稠分泌物，眶下窦肿胀

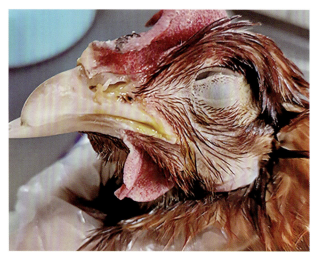

鼻孔流出黄色黏稠分泌物

眶下窦及眼部肿胀

眶下窦肿胀明显

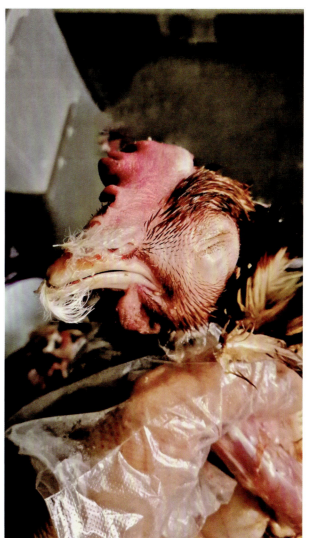

鼻孔粘有污物,眼周围肿胀

单侧脸肿

单侧脸肿，精神沉郁

病理变化

病死鸡剖检可见鼻腔和鼻窦黏膜呈急性卡他性炎症，黏膜充血肿胀、表面覆有大量黏液，窦内有黄色渗出物凝块，呈干酪样；头部皮下胶样水肿，面部及肉髯皮下水肿，病眼结膜充血、肿胀、分泌物增多，滞留在结膜囊内，剪开后有豆腐渣样、干酪样分泌物；卵泡变性、坏死和萎缩。

眶下窦内有黄色黏稠分泌物

第二章 细菌性疾病

双侧眶下窦存有白色干酪样物

颜面水肿，下颌及肉髯肿胀

双侧眶下窦出现白色干酪样物

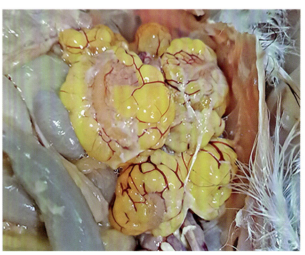

卵泡变性

诊断要点

（1）**临床特征**　病变主要在头部，流鼻液、打喷嚏、颜面肿胀、鸡冠和肉髯发绀，产蛋率下降。
（2）**剖检病变**　鼻黏膜出血、鼻窦炎症。

预防措施

1）定期消毒以减少环境病原，做好舍内环境控制。
2）鼻炎三价疫苗进行有效的免疫接种，建议在开产前做两次免疫。首免在 6~7 周龄进行，0.3~0.5 毫升/只，皮下注射；二免在 14~15 周龄进行，0.5~0.6 毫升/只，皮下注射。注射部位在尾部背侧。为避免造成不必要的损失，鸡群产蛋以后应避免再注射鼻炎疫苗，否则会影响 3% 左右的产蛋率。
3）磺胺类或氨基糖苷类药物拌料或饮水，效果较佳，若注射则效果明显。

治疗方法

磺胺类药物是治疗本病的首选药物，一般用复方新诺明或磺胺增效剂与其他磺胺类药物合用，或用 2~3 种磺胺类药物组成的联磺制剂。但投药时要注意时间不宜过长，一般不超过 5 天。且考虑鸡群的采食情况，当食欲变化不明显时，可选用口服易吸收的磺胺类药物；采食明显减少时，口服给药治疗效果差可考虑注射给药。

磺胺二甲嘧啶：磺胺二甲嘧啶片按 0.2% 混饲 3 天，或按 0.1%~0.2% 混饮 3 天。

土霉素：20~80 克拌入 100 千克饲料自由采食，连喂 5~7 天。

另外，配伍中药制剂鼻通、鼻炎净等疗效更好。

四、葡萄球菌病

简介

葡萄球菌病是由金黄色葡萄球菌引起的一种人畜禽共患传染病。其发病特征是幼鸡呈急性败血症，育成鸡和成年鸡呈慢性型，表现为关节炎或翅膀坏死。本病的流行往往可造成较高的淘汰率和病死率，给养鸡生产带来较大的经济损失。

病原与流行特点

典型的葡萄球菌为圆形或卵圆形，直径0.7~1微米，常单个、成对或呈葡萄状排列。本病主要侵害肉鸡，各年龄的鸡都可感染，但发病以40~60日龄的鸡最多，成年鸡发病较少，造成急性死亡，多发生于炎热季节，与禽霍乱有相似之处。鸡群发病后死亡率为2%~50%不等。引起鸡葡萄球菌病发生的主因是外伤，如刺种鸡痘、发生鸡痘、带翅号、断喙、网刺、刮伤、扭伤、啄伤、脐带感染等。饲养管理不善如拥挤、通风不良、饲料单一、缺乏维生素及矿物质等也可诱发本病。

临床症状

临床上多见急性败血型、关节炎型、脐带炎型和眼型

（1）急性败血型　鸡出现全身症状，精神不振或沉郁，不爱跑动，常呆立一处或蹲伏，两翅下垂，缩颈，眼半闭呈嗜睡状。羽毛蓬松零乱，无光泽。病鸡饮、食欲减退或废绝。胸腹部（甚至波及嗉囊周围）、大腿内侧皮下水肿，潴留数量不等的血样渗出液体，外观呈紫色或紫褐色，有波动感，局部羽毛脱落，或用手一摸即可脱掉。

（2）**关节炎型** 病鸡可见到关节炎症状，多个关节炎性肿胀，特别是趾、跗关节肿大，呈紫红或紫黑色，有的见破溃，并结成污黑色痂。

（3）**脐带炎型** 脐带炎症是孵出不久的雏鸡发生脐炎的一种葡萄球菌病的病型。病鸡除一般病状外，可见腹部膨大，脐孔发炎肿大，局部呈黄红色、紫黑色，质稍硬，间有分泌物，俗称"大肚脐"。

（4）**眼型** 上下眼睑肿胀，闭眼，有脓性分泌物粘闭。眼型发病约占本病总病鸡数量的30%左右，占死亡数量的20%左右。

病理变化

（1）**急性败血型** 特征的肉眼变化是胸部的病变，可见死鸡胸部、翅膀处、前腹部羽毛稀少或脱毛，皮肤呈紫黑色水肿，可见湿性坏疽。剪开皮肤可见整个胸、腹部皮下充血、溶血，呈弥漫性紫红色或黑红色，积有大量胶冻样粉红色或黄红色水肿液，水肿可延至两腿内侧、后腹部，前达嗉囊周围，但以胸部为多，肝脏肿大并出现大量化脓灶。

翅膀处皮肤出现湿性坏疽

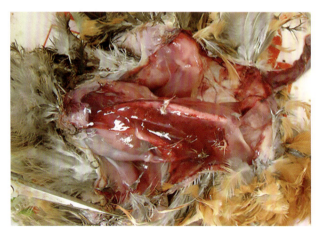

胸腹部皮肤出现湿性坏疽

第二章 细菌性疾病

胸部皮肤出现湿性坏疽

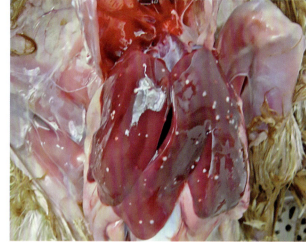

肝脏肿大并出现大量化脓灶

翅膀处皮肤出现湿性坏疽而脱毛

（2）**关节炎型**　可见关节炎和滑膜炎。某些关节肿大，滑膜增厚、充血或出血，关节囊内有或多或少的浆液，或有浆性纤维素样渗出物。

（3）**脐带炎型**　幼雏以脐炎为主的病例，可见脐部肿大，呈紫红色或紫黑色，有暗红色或黄红色液体，时间稍久则为脓样干涸坏死物。肝脏有出血点。卵黄吸收不良，呈黄红色或黑灰色，液体状或内混絮状物。

（4）**眼型**　眼结膜红肿，眼内有大量分泌物，并见有肉芽肿。时间较久者，眼球下陷，后可见失明。

诊断要点

（1）**临床特征**　皮下水肿，趾、跗关节肿大，"大肚脐"。
（2）**剖检病变**　皮肤呈紫黑色水肿、关节炎和滑膜炎、脐炎。

预防措施

（1）**免疫接种**　可用葡萄球菌多价氢氧化铝灭活菌苗与油佐剂灭活菌苗给20~30日龄的鸡皮下注射1毫升。

（2）**防止发生外伤**　在鸡饲养过程中，要定期检查笼具、网具是否光滑平整，有无外露的铁丝尖头或其他尖锐物，网眼是否过大。平养的地面应平整，垫料宜松软，以防硬物刺伤脚垫。防止鸡群互斗和啄伤等。

（3）**做好皮肤外伤的消毒处理**　在断喙、带翅号（或脚号）、剪趾及免疫接种时，要做好消毒工作。

（4）**加强饲养管理**　注意舍内通风换气，防止密集饲养，喂给必需的营养物质，特别要供给足够的维生素。做好孵化过程和鸡舍卫生及消毒工作。

治疗方法

（1）**隔离病鸡，加强消毒**　一旦发病，应及时隔离病鸡，对可疑被污染的鸡舍、鸡笼和环境，可进行带鸡消毒。常用的消毒药有 2%~3% 的石炭酸、0.3% 的过氧乙酸等。

（2）**药物治疗**　投药前最好进行药物敏感试验，选择最有效的敏感药物进行全群投药。

①青霉素：注射用青霉素钠或钾按每千克体重 5 万国际单位 1 次肌内注射，每天 2~3 次，连用 2~3 天。

②维吉尼亚霉素：50% 的维吉尼亚霉素预混剂按每千克饲料 5~20 毫克混饲。产蛋期及超过 16 周龄母鸡禁用。休药期为 1 天。

③阿莫西林：阿莫西林片按每千克体重 10~15 毫克 1 次内服，每天 2 次。

④头孢氨苄：头孢氨苄片或胶囊按每千克体重 35~50 毫克 1 次内服，雏鸡 2~3 小时 1 次，成年鸡可 6 小时 1 次。

⑤林可霉素：30% 的盐酸林可霉素注射液按每千克体重 30 毫克 1 次肌内注射，每天 1 次，连用 3 天。盐酸林可霉素片按每千克体重 20~30 毫克 1 次内服，每天 2 次。10% 的盐酸林可霉素预混剂按每千克饲料 22~44 毫克混饲 1~3 周。40% 的盐酸林可霉素 20% 的盐酸大观霉素可溶性粉按每升饮水 500~800 毫克混饮 3~5 天。以上均以林可霉素计。产蛋期禁用。

（3）**外科治疗**　对于脚垫肿、关节炎的病例，可用外科手术排出脓汁，然后用碘酊消毒创口，并配合抗生素治疗。

（4）**中药疗法**

方剂 1　黄芩、黄连叶、焦大黄、黄柏、板蓝根、茜草、大蓟、车前子、神曲、甘草各等份加水煎汤，取汁拌料饲喂，按每只鸡每天 2 克生药计算，每天 1 剂，连喂 3 天。

方剂 2　鱼腥草、麦芽各 90 克，连翘、白及、地榆、茜草各 45 克，大黄、当归各 40 克，黄柏 50 克，知母 30 克，菊花 80 克，粉碎混匀，按每只鸡每天 3.5 克拌料饲喂，4 天为 1 个疗程。

方剂 3　四黄小蓟饮：黄连、黄芩、黄柏各 100 克，大黄、甘草各 50 克，小蓟 400 克。连煎 3 次，得药液约 5000 毫升，供雏鸡自饮，每天 1 剂，连喂 3 天。

五、禽曲霉菌病

简介

禽曲霉菌病是由真菌中的曲霉菌引起的多种禽类的真菌性疾病，主要侵害呼吸器官。各种禽类均易感，但以幼禽多发，常见急性、群发性暴发，发病率和死亡率较高，成年禽多为散发。本病的特征以在肺及气囊发生炎症和形成肉芽肿结节为主，偶见于眼、肝脏、脑等组织，故又称曲霉菌性肺炎。

病原与流行特点

曲霉菌为需氧菌，在沙氏葡萄糖琼脂、马铃薯等培养基上生长良好，形成特征性菌落。曲霉菌在自然界适应能力很强，一般的冷、热、干、湿条件均不能破坏其孢子的生活能力，煮沸 5 分钟才能被杀死。一般的消毒药须经 1~3 小时才能灭活。雏鸡在 4~14 日龄的易感性最高，常呈急性暴发，出壳后的幼雏在进入被烟曲霉菌污染的育雏室后，48 小时即开始发病死亡，病死率可达 50% 左右，至 30 日龄时基本上停止死亡。在我国南方 5~6 月间的梅雨季节或阴暗潮湿的鸡舍最易发生。本病菌主要经呼吸道和消化道传播，若种蛋表面被污染、孢子可侵入蛋内，感染胚胎。

临床症状

雏鸡感染后呈急性经过，表现为头颈前伸，张口呼吸，打喷嚏，鼻孔中流出浆性液体，羽毛蓬乱，食欲减退；病的后期发生腹泻，有的雏鸡出现歪头、麻痹、跛行等神经症状。病程长短取决于霉菌感染的数量和中毒的程度。成年鸡多为散发，感染后多呈慢性经过，病死率较低。

病理变化

病死鸡的肺表面及肺组织中可见粟粒大至黄豆大的黑色、紫色或灰白色质地坚硬的结节,切面坏死;气囊浑浊,有灰白色或黄色圆形病灶,或结节或干酪样团块物;有时在气管、胸腔、腹腔、肝脏和肾脏等处也可见到类似的结节。

肺及气囊上有灰白色的曲霉菌结节

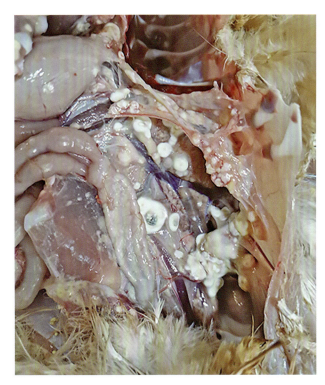

气囊上有灰白色的圆形病灶

肺内出现霉菌结节

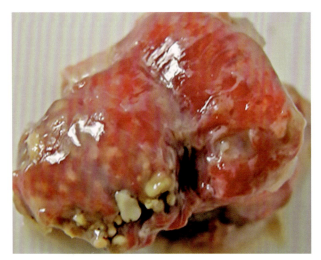

肺内可见霉菌坏死结节

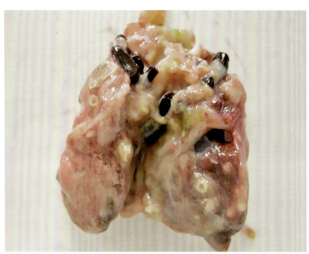

肺内有大量曲霉菌结节

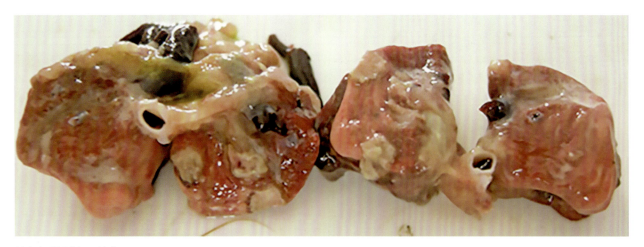

肺内出现霉菌坏死结节

诊断要点

（1）**临床特征**　流鼻液、打喷嚏、腹泻、歪头、麻痹、跛行。
（2）**剖检病变**　肺表面及肺组织中可发现粟粒大至黄豆大的黑色、紫色或灰白色结节，气囊浑浊。

预防措施

1）加强饲养管理。尤其在阴雨连绵的季节，更应防止曲霉菌生长繁殖而引起本病的传播。种蛋库和孵化室经常消毒，保持卫生清洁、干燥。

2）严格消毒被曲霉菌污染的鸡舍。

3）防止饲料和垫料发生霉变。

治疗方法

首先要找出感染霉菌的来源，并及时消除；同时当霉菌在病鸡的呼吸道长出大量菌丝、肺部及气囊长出大量结节时，应及早淘汰病鸡。在此基础上可选下列药物治疗：

①制霉菌素：病鸡按每只5000单位内服，每天2~4次，连用2~3天；或按每千克饲料中加制霉菌素50万~100万单位，连用7~10天，同时在每升饮水中加硫酸铜0.5克，效果更好。

②克霉唑（三甲苯咪唑、抗真菌1号）：雏鸡按每100只1克拌料饲喂。

③两性菌素B：使用时用喷雾方式给药，用量为每立方米25毫克，吸入30~40分钟，该药与利福平合用疗效增强。

六、坏死性肠炎

简介

坏死性肠炎又称肠毒血症,是由魏氏梭菌引起的一种急性传染病,主要危害2~6周龄的鸡。本病主要表现为排出红褐色乃至黑褐色煤焦油样稀粪,病死鸡以小肠后段黏膜坏死为特征。

病原与流行特点

A型魏氏梭菌产生的α毒素,C型魏氏梭菌产生的α、β毒素,是引起鸡肠黏膜坏死这一特征性病变的直接原因。这两种毒素均可在感染鸡粪便中发现。试验证明由A型魏氏梭菌肉汤培养物上清液中获得的α毒素可引起普通鸡及无菌鸡的肠病变。以2~6周龄的鸡多发,发病率为13%~40%,死亡率为5%~30%。病鸡、带菌鸡的排泄物及带菌动物均是本病主要的传染源。该病菌主要通过消化道传播。突然更换饲料或饲料品质差,饲喂变质的鱼粉、骨粉等,鸡舍的环境卫生差,长时间饲料中添加土霉素等抗生素,这些因素均可促使本病的发生。有报道说患过球虫病和蛔虫病的鸡常易暴发本病。

临床症状

2周到6个月的鸡常发生坏死性肠炎,尤以2~5周龄散养肉鸡为多。病鸡精神沉郁,食欲减退,不愿走动,羽毛蓬乱。本病病程较短,常呈急性死亡。

病理变化

病死鸡剖检时可见嗉囊中仅有少量的食物，有较多的液体，打开腹腔时即闻到一种特殊的腐臭味。心冠脂肪出血。小肠表面污黑，呈绿色；肠道扩张，充满气体；肠壁增厚；肠内容物呈液体，有泡沫，有时为栓子或絮状。肠道黏膜有时有出血点和坏死点，肠管脆，易碎，严重时黏膜呈弥漫性土黄色，干燥无光，黏膜呈严重的纤维素性坏死，并形成伪膜。

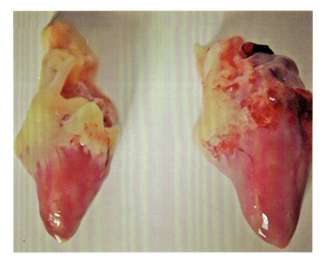

心冠脂肪出血

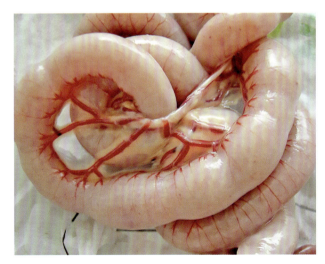

空肠增粗、扩张

空肠明显增粗、扩张、易碎

小肠黏膜增厚、出血，肠腔内有大量异常分泌物

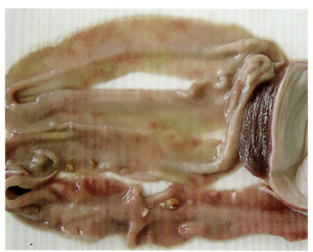

肠黏膜增厚、出血、坏死

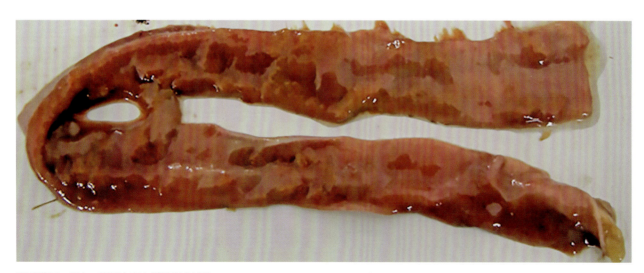

肠壁增厚、出血，肠腔内有血样黏稠分泌物

诊断要点

（1）**临床特征** 2~6周龄散养肉鸡多发、呈急性死亡。
（2）**剖检病变** 腹腔有腐臭味；小肠表面污黑，呈绿色；肠内容物呈液体，有泡沫。

预防措施

①夏季做好鸡群的防暑降温工作，增加机体抵抗力，防止热应激。

②在疾病易发期间，内服0.2%的稀盐酸或2%的乳酸，每只鸡每天10~20毫升，分2次内服。连用2~3天。每吨饲料中添加维生素AD_3粉1000克，连续喂到产蛋率上升到80%以上。

③不要在饲料中长时间大剂量添加小苏打等碱性药物。

④搞好环境卫生，做好消毒和隔离工作。

治疗方法

①青霉素：雏鸡每只每次2000国际单位，成年鸡2万~3万国际单位，混料或饮水，每天2次，连用3~5天。

②杆菌肽：雏鸡每只每次0.6~0.7毫克，青年鸡3.6~7.2毫克，成年鸡7.2毫克，拌料饲喂，每天2~3次，连用5天。

③红霉素：每天每千克体重5毫克，分2次内服；或拌料饲喂，每千克饲料加0.2~0.3克，连用5天。

④林可霉素（洁霉素）：每千克体重15~30毫克拌料饲喂，每天1次，连用3~5天；或每升水300毫克混饮。

⑤痢菌净：0.03%的痢菌净加入饮水，每天2次，每次2~3小时，连用3~5天。

七、败血支原体病

简介

败血支原体病是鸡的一种接触性、慢性呼吸道传染病。其特征为上呼吸道及邻近窦黏膜的炎症,常蔓延至气管、气囊等部位。本病发展缓慢、病程长,所以也称为慢性呼吸道病。

病原与流行特点

病原为鸡败血支原体。本病自然感染发生于鸡,尤以4~8周龄雏鸡最易感,纯种鸡比杂种鸡易感。本病一年四季均可发生,但以寒冬及早春时最严重。一般在鸡群中传播较为缓慢,但在新发病的鸡群中传播较快。当成年鸡感染时,如无其他病原体继发感染,则多呈隐性经过,仅表现为产蛋量、孵化率下降和增重受阻等现象。根据所处的环境因素不同,本病的严重程度及病死率差异很大,一般死亡率为10%~30%。

临床症状

幼龄鸡发病,症状比较典型,表现为流浆液性或浆液黏液性鼻液,鼻孔堵塞、频频摇头、打喷嚏、咳嗽,精神沉郁、被毛松散,还见有窦炎、结膜炎和气囊炎。当炎症蔓延至下部呼吸道时,则气喘和咳嗽更为显著,有呼吸道啰音,全身炸毛。病鸡食欲不振,生长停滞。后期可因鼻腔和眶下窦中蓄积渗出物而引起眼睑肿胀,眼内有泡沫性液体。

第二章 细菌性疾病

眼睑肿胀、眶下窦肿胀

病鸡精神沉郁、被毛松散

张口、伸颈、气喘

上下眼睑肿胀，结膜潮红

出现椭圆形眼睑，眼内有泡沫性液体

病理变化

腹腔有大量泡沫样的液体，气囊浑浊、囊壁增厚，上有黄色泡沫性液体。病程久者可见特征性病变——纤维素性气囊炎，胸、腹气囊囊壁上和囊壁内部有黄色干酪样渗出物，有的病例还可见纤维素性心包炎和纤维素性肝周炎。鼻腔、眶下窦黏膜水肿、充血、肥厚或出血。窦腔内充满黏液或干酪样渗出物。

气囊上可见泡沫性液体，有的出现干酪样物

病初气囊上出现泡沫性液体

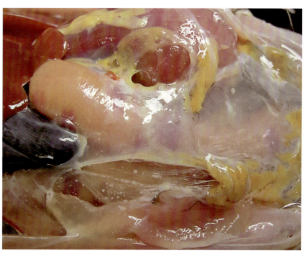

病初气囊有泡沫性液体

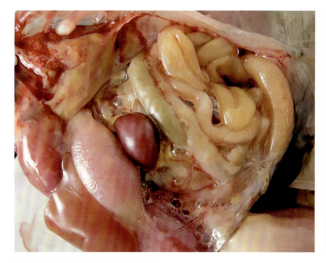

病初气囊上出现大量泡沫性液体

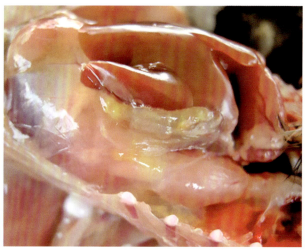

腹部气囊上出现浅黄色干酪样物

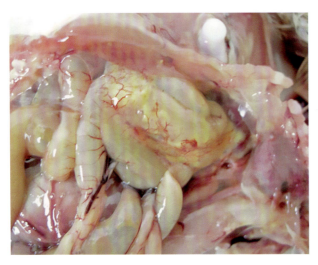
腹气囊上出现干酪样物并有毛细血管向其内延展

前、后胸气囊上呈现淡黄色干酪样物

诊断要点

（1）临床特征　流浆液性或浆液黏液性鼻液、窦炎、结膜炎、气喘、咳嗽。
（2）剖检病变　纤维素性气囊炎、胸腹气囊囊壁上有黄色干酪样渗出物。

预防措施

（1）加强饲养管理　做好鸡群的饲养管理。
（2）加强种蛋的消毒，减少经蛋传播的可能　种蛋收集进贮藏库之前用甲醛熏蒸消毒，孵化前再进行如下处理。

1）浸蛋法：将温度为37℃的孵化蛋浸于冷的（1.7~4.4℃）0.04%~0.1%的泰乐菌素或红霉素溶液中浸泡15~20分钟，取出晾干后孵化。由于温度的差异，使得抗生素得以通过蛋壳进入蛋内。

2）蛋内接种方法：向 5~7 日龄鸡胚的卵黄内注射 5% 的泰乐菌素注射液 0.2 毫升。

3）将种蛋预热至 45℃，保持 12~14 小时，可杀死种蛋内的鸡败血支原体和滑膜囊支原体，但是孵化率可能降低 8%~12%。

（3）建立无支原体病种鸡群

1）淘汰阳性鸡：采用全血玻片凝集法对鸡群检疫，间隔 1~2 周，连续检疫 2 次，淘汰阳性鸡。剩下的鸡群轮流使用抗菌药物，至鸡群达 90 日龄，逐只检疫，每月检疫 1 次，连续 3 次未发现阳性鸡，可认为败血支原体病阴性鸡群已建立。如有 1 次检出阳性鸡，则该鸡群只能作为商品鸡群。

2）药物预防和治疗：由于本病原可以贮存于气囊内的干酪样物中不被杀死而潜伏下来，一旦应激因素存在，病原又扩散出来大量繁殖而致病，因此对本病的长期用药要有坚定的信念，而且不能单一地使用一种药物，必须轮流用药。

治疗方法

（1）西药疗法

①泰乐菌素：5% 或 10% 的泰乐菌素注射液或注射用酒石酸泰乐菌素按每千克体重 5~13 毫克 1 次肌内注射或皮下注射，每天 2 次，连用 5 天。10% 的磷酸泰乐菌素预混剂按每千克饲料 300~600 毫克混饲。酒石酸泰乐菌素可溶性粉按每升饮水 500 毫克混饮 3~5 天。蛋鸡禁用，休药期为 1 天。

②泰妙菌素：45% 的延胡索酸泰妙菌素可溶性粉按每升饮水 125~250 毫克混饮 3~5 天，以上均以泰妙菌素计。休药期为 2 天。

③红霉素：注射用乳糖酸红霉素或 10% 的硫氰酸红霉素注射液，育成鸡按每千克体重 10~40 毫克 1 次肌内注射，每天 2 次。5% 的硫氰酸红霉素可溶性粉按每升饮水 125 毫克混饮 3~5 天。产蛋鸡禁用。

④吉他霉素：吉他霉素片按每千克体重 20~50 毫克 1 次内服，每天 2 次，连用 3~5 天。50% 的酒石酸吉他霉素可溶性粉，按每升饮水 250~500 毫克混饮 3~5 天。产蛋鸡禁用，休药期为 7 天。

⑤阿米卡星：注射用硫酸阿米卡星或 10% 的硫酸阿米卡星注射液按每千克体重 15 毫克 1 次皮下

注射或肌内注射，每天 2~3 次，连用 2~3 天。

⑥替米考星：替米考星可溶性粉按每升饮水 100~200 毫克混饮 5 天。休药期为 14 天。

⑦大观霉素：注射用盐酸大观霉素按每只雏鸡 2.5~5.0 毫克，成年鸡按每千克体重 30 毫克，肌内注射，每天 1 次，连用 3 天。50% 的盐酸大观霉素可溶性粉按每升饮水 500~1000 毫克混饮 3~5 天。产蛋期禁用，休药期为 5 天。

⑧大观霉素 – 林可霉素：按每千克体重 50~150 毫克 1 次内服，每天 1 次，连用 3~7 天。盐酸大观霉素 – 林可霉素可溶性粉按每升水 0.5~0.8 克混饮 3~7 天。

⑨金霉素：10% 的金霉素预混剂按每千克饲料 200~600 毫克混饲，不超过 5 天。盐酸金霉素粉剂按每升饮水 150~250 毫克混饮，以上均以金霉素计。休药期为 7 天。

⑩多西环素：盐酸多西环素片按每千克体重 15~25 毫克 1 次内服，每天 1 次，连用 3~5 天；或按每千克饲料 100~200 毫克混饲。盐酸多西环素可溶性粉按每升饮水 50~100 毫克混饮。

（2）中药疗法

方剂 1　石决明、草决明、苍术、桔梗各 50 克，大黄、黄芩、陈皮、苦参、甘草各 40 克，栀子、郁金各 35 克，鱼腥草 100 克，苏叶 60 克，紫菀 80 克，黄药子、白药子各 45 克，三仙、鱼腥草各 30 克，粉碎，过筛备用。用全日饲料量的 1/3 与药粉充分拌匀，并均匀撒在食槽内，待吃尽后，再添加未加药粉的饲料。剂量为每只鸡每天 2.5~3.5 克，连用 3 天。

方剂 2　麻黄、杏仁、石膏、桔梗、黄芩、连翘、金银花、金荞麦根、牛蒡子、穿心莲、甘草，共研细末，混匀。治疗按每只鸡每次 0.5~1.0 克，拌料饲喂，连用 5 天。

八、禽霍乱

简介

禽霍乱又称禽巴氏杆菌病、禽出血性败血病，是由多杀性巴氏杆菌引起的禽急性致死性传染病。病原菌广泛寄生于禽呼吸道及消化道黏膜上，与禽类共生，为条件性致病菌。禽类在应激状态，尤其是热应激状态时发病。急性型病例表现为全身黏膜有小的出血点，发病快，死亡率高。慢性型病例主要表现为鸡冠、肉髯水肿及关节炎。

病原与流行特点

病原为多杀性巴氏杆菌是一种两端钝圆、中央微凸的短杆菌，长1~1.5微米，宽0.3~0.6微米，不形成芽孢，也无运动性，普通染料都可着色，革兰氏染色阴性。各种日龄和各品种的鸡均易感染本病，3~4月龄的鸡和成年鸡较容易感染。病鸡或带菌鸡的排泄物、分泌物及带菌动物均是本病主要的传染源，主要通过消化道和呼吸道感染，也可通过吸血昆虫和损伤的皮肤黏膜而感染。本病一年四季均可发生，但以夏秋季节多发。气候剧变、闷热、潮湿、多雨时期发生较多。长途运输或频繁迁移，过度疲劳，饲料突变，营养缺乏，寄生虫等均可诱发此病。

临床症状

最急性型常无前驱症状，突然倒地、拍翅、抽搐、挣扎、迅速死亡。通常在夜间死亡，多见于肥胖的鸡。急性型突然发病，羽毛松乱，缩颈闭眼，头插在翅膀下，食欲废绝，饮水增多。常有剧烈的腹泻，排绿色或黄绿色稀粪，呼吸困难，口流黏液，冠、肉髯发紫。慢性型表现为精神沉郁，消瘦，肉髯肿胀、变厚，关节肿大及呼吸困难。

病理变化

最急性型病变不明显，产蛋鸡常见输卵管内有完整蛋。急性型可见心包内积有大量浅黄色或黄红色液体，心脏冠状脂肪乃至整个心脏表面有弥漫性出血点；肝脏肿胀、瘀血、出血，呈深褐色或黄染，表面有大量灰白色或者黄白色针尖大小的坏死点；脾脏基本正常或略肿大，可见少量坏死点；小肠特别是十二指肠膨胀，浆膜面充血、出血，黏膜充血、出血，严重时脱落，内容物呈灰黄色带血性粥样，直肠和泄殖腔黏膜出血；肺高度瘀血、出血、水肿；腹腔内有浅黄色腹水，腹膜有出血点。产蛋母鸡卵巢出血；腺胃黏膜脱落、固有层出血，肌胃、腺胃及腹部脂肪有弥漫性出血点；胰腺充血、出血。卵泡及输卵管充血、水肿。慢性型病鸡肉髯切面可见灰白色干酪样坏死，腿和翅膀等部位关节肿大、变形，有炎性渗出物和干酪样坏死。

肝脏大量针尖大小的坏死点

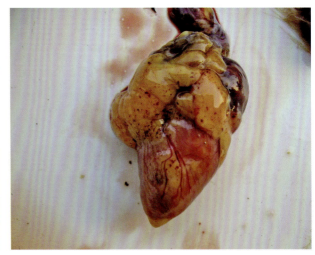

心冠脂肪有大量出血斑点

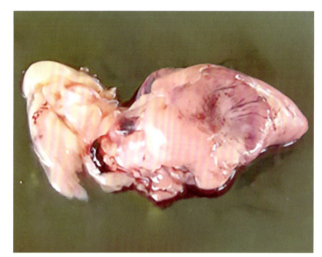
心冠脂肪严重出血

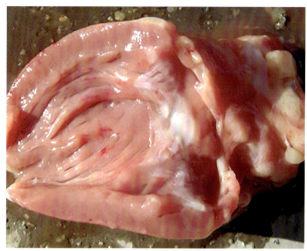
心内膜出血

腹部脂肪有明显的出血点

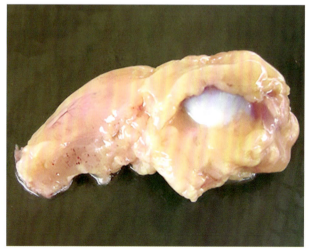
腺肌胃处的脂肪有出血点

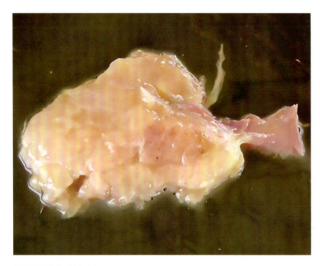

腹部脂肪有出血点

肝脏肿胀出血，有黄色坏死点

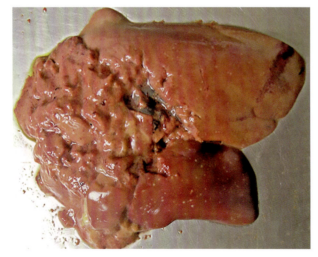

肝脏肿大、质脆，可见大量白色坏死点

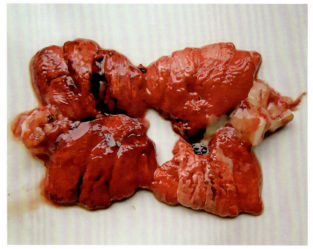

肺瘀血、出血、水肿

脾脏树枝状充血,可见少量白色坏死点

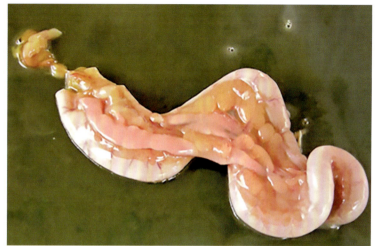
胰腺潮红

卵泡充血、出血,输卵管充血、水肿

卵泡充血、出血

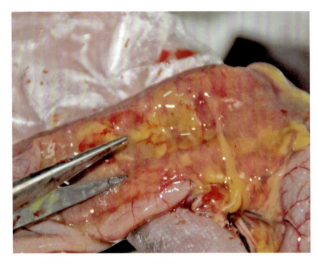

十二指肠肿胀、出血，内容物黏稠带血

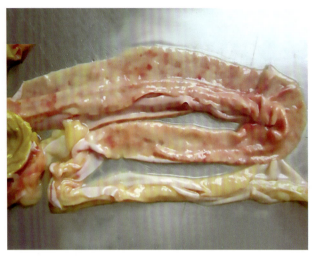

十二指肠肠壁变薄，其黏膜变性、明显出血

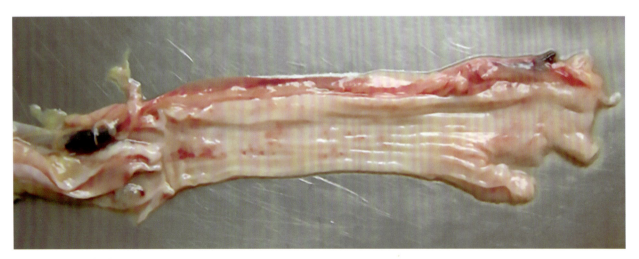

直肠和泄殖腔黏膜出血

诊断要点

（1）**临床特征**　呼吸困难、肉髯肿胀发紫、关节肿大。
（2）**剖检病变**　心包积液、肝脏有坏死点、肺高度瘀血、腺胃黏膜脱落。

预防措施

（1）**免疫接种**　弱毒菌苗有禽霍乱 G_{190}—E_{40} 弱毒菌苗等，灭活菌苗有禽霍乱氢氧化铝菌苗、禽霍乱油乳剂灭活菌苗、禽霍乱乳胶灭活菌苗等，其他还有禽霍乱荚膜亚单位疫苗。建议免疫程序如下：肉鸡于 20~30 日龄免疫 1 次即可；蛋鸡种鸡于 20~30 日龄首免，开产前半个月二免，开产后每半年免疫 1 次。

（2）**被动免疫**　患病鸡群可用猪源抗禽霍乱高免血清，在鸡群发病前进行短期预防接种，每只鸡皮下注射或肌内注射 2~5 毫升，免疫期为 2 周左右。

（3）**加强饲养管理**　平时应坚持自繁自养原则。由外地引进种鸡时，应从无本病的鸡场选购，并隔离观察 1 个月，无问题再与原有的鸡合群。采取全进全出的饲养制度，搞好清洁卫生和消毒工作。

治疗方法

（1）**特异疗法**　牛或马等异种动物及禽制备的禽霍乱抗血清，用于本病的紧急治疗有较好的效果。
（2）**西药疗法**

①磺胺甲噁唑：40% 的磺胺甲噁唑注射液按每千克体重 20~30 毫克 1 次肌内注射，连用 3 天。磺胺甲噁唑片按 0.1%~0.2% 混饲，连用 3~5 天。

②磺胺对甲氧嘧啶：磺胺对甲氧嘧啶片按每千克体重 50~150 毫克 1 次内服，每天 1~2 次，连用 3~5 天；或按 0.05%~0.1% 混饲 3~5 天；或按 0.025%~0.05% 混饮 3~5 天。

③磺胺氯达嗪钠：30%的磺胺氯达嗪钠可溶性粉，肉鸡按每升饮水 300 毫克混饮 3~5 天。休药期 1 天。产蛋鸡禁用。

④沙拉沙星：5%的盐酸沙拉沙星注射液，1日龄雏鸡按每只 0.1 毫升 1 次皮下注射。1%的盐酸沙拉沙星可溶性粉按每升饮水 20~40 毫克混饮，连用 5 天。产蛋鸡禁用。

（3）中药疗法

方剂 1　穿心莲、板蓝根各 6 份，蒲公英、旱莲草各 5 份，苍术 3 份，粉碎成细粉，过筛，混匀，加适量淀粉，压制成片，每片含生药为 0.45 克。每只鸡每次 3~4 片，每天 3 次，连用 3 天。

方剂 2　雄黄、白矾、甘草各 30 克，双花、连翘各 15 克，茵陈 50 克，粉碎成末拌入饲料投喂，每次 0.5 克，每天 2 次，连用 5~7 天。

方剂 3　茵陈、半枝莲、大青叶各 100 克，白花蛇舌草 200 克，藿香、当归、车前子、赤芍、甘草各 50 克，生地 150 克，水煎取汁，为 100 只鸡 3 天用量，分 3~6 次饮服或拌入饲料，病重不食者灌少量药汁，用于治疗急性禽霍乱。

方剂 4　茵陈、大黄、茯苓、白术、泽泻、车前子各 60 克，白花蛇舌草、半枝莲各 80 克，生地、生姜、半夏、桂枝、白芥子各 50 克，水煎取汁，供 100 只鸡 1 天用，饮服或拌入饲料，连用 3 天，用于治疗慢性禽霍乱。

九、弧菌性肝炎

简介

弧菌性肝炎又称鸡弯曲杆菌病，是由弯曲杆菌感染引起幼鸡或成年鸡的传染病。鸡群不能达到预期的产蛋高峰，产蛋率下降 25%~35%。

病原与流行特点

本病病原为弯曲杆菌。自然条件下只感染鸡和火鸡，较常见于初产或已开产数月的母鸡，偶尔也发生于雏鸡。病鸡和带菌鸡的排泄物及带菌动物均是本病主要的传染源。病原菌随粪便排出，污染饲料、饮水和用具，被健康鸡采食后而感染。本病多呈散发性或地方性流行，发病率高，死亡率一般为 2%~5%，无明显的季节性。

临床症状

本病多呈慢性经过，病鸡精神不振，体重减轻，鸡冠皱缩并常有水泻，排黄色粪便。本病进展缓慢，但也有很肥壮的病鸡急性死亡，死前 48~72 小时内仍产蛋。病仔鸡发育受阻，腹围增大，并出现贫血和黄疸。

病理变化

最明显的病理变化在肝脏。急性病例表现为肝脏实质变性、肿大、质脆，被膜下有出血区、血肿、坏死灶。肝脏表面因有许多出血点而呈斑驳状，在肝脏表面和实质内散布有大量星芒状坏死灶，或布满菜花样坏死区，肝脏呈黄褐色，胆囊内充满黏性分泌物，常由于肝脏破裂而致急性内出血死亡。慢性病例表现为肝硬化、萎缩，并伴有腹水；脾脏肿大，偶见黄色易碎的梗死区；卵巢可见卵泡萎缩退化，仅呈豌豆大小。

蛋鸡肝脏破裂致内出血

肝脏肿大，有出血灶

肝脏被膜下出血及腹腔内出血

肝脏出血，其表面有星芒状出血病灶

肝脏肿大，可见大量星芒状坏死灶

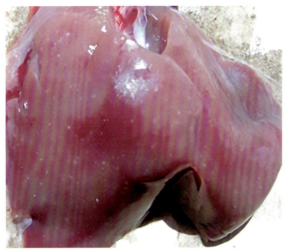 

肝脏肿大，并有大量星芒状和点状坏死灶　　　　　　　脾脏肿大、充血

诊断要点

（1）**临床特征**　鸡冠皱缩、水泻、产蛋率下降。
（2）**剖检病变**　肝脏有星芒状坏死灶、腹水。

预防措施

防止患病鸡与其他动物及野生禽类接触，对病死鸡、排泄物及被污染物做无害化处理；加强饲养管理，提高鸡群抵抗力。

治疗方法

（1）**病鸡隔离，加强消毒**　病鸡严格隔离饲养，鸡舍由原来每周消毒1次，改为每天带鸡消毒1次；药物用3%的次氯酸和2%的癸甲溴氨交替消毒。水槽、食槽每天用消毒液清洗1次；环境用3%的热氢氧化钠溶液1~2天消毒1次。

（2）**西药疗法**　对病重鸡，每只鸡肌内注射氨苄西林5毫克，连用3~5天，同时用（氟）甲砜霉素水溶液饮用7天；或在每吨饲料中拌入500克多西环素饲喂5天。对受威胁的临床健康鸡群在其饲料中拌入多西环素（300克/吨）饲喂5~7天。

（3）**中药疗法**　龙胆泻肝汤和郁金散加减：郁金300克、栀子150克、黄芩240克、黄柏240克、白芍240克、金银花200克、连翘150克、菊花200克、木通150克、龙胆草300克、柴胡150克、大黄200克、车前子150克、泽泻200克。按每只成年鸡2克/天，水煎饮用，每天1次，连用5天。

十、滑液囊支原体感染

简介

滑液囊支原体感染是由滑液囊支原体引起的一种传染病，又称鸡传染性滑膜炎，最常发生的是亚临床型的上呼吸道感染，有时可变为全身感染，导致传染性滑液囊炎和腱鞘炎。其特征是关节肿大、滑液囊及肌腱发炎和实质器官的肿大。

病原与流行特点

本病病原为滑液囊支原体,多发生于4~16周龄的鸡,以9~12周龄的青年鸡最易感。在1次流行之后,很少再次流行。经蛋传递感染的雏鸡可能在6日龄发病,在雏鸡群中会造成很高的感染率。

临床症状

病鸡表现为不愿运动,蹲伏或借助翅膀向前运动,跗关节及脚趾关节或脚垫部肿大且有热感和波动感,久病不能走动,消瘦,排浅绿色粪便且含有大量的尿酸。

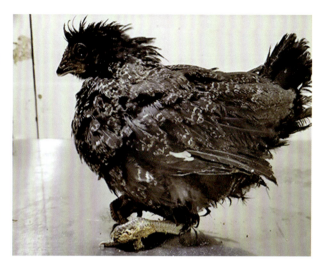

病鸡久病不能走动、瘸腿

关节肿胀

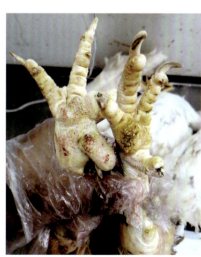

足底肿胀

跗关节上方肿胀

病理变化

腱鞘处有黄白色或绿色渗出物,关节滑液囊或脚垫内有黏液性呈灰白色的乳酪样渗出物,有时关节软骨出现糜烂,严重病例在颅骨和颈部背侧以及龙骨脊部有干酪样渗出物。肝脏、脾脏肿大,肾脏苍白呈花斑状,偶见气囊炎的病变。慢性病例,可见鸡产蛋质量下降。

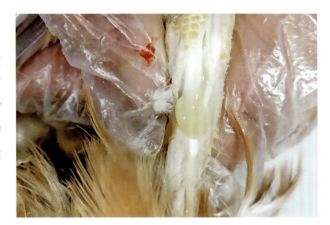

病鸡跗关节上方剖开后有黄色脓样物流出

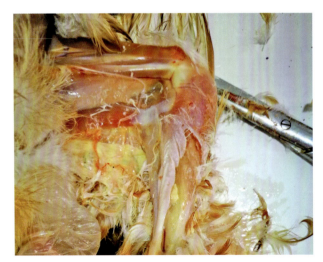

跗关节上部有黄色干酪样物

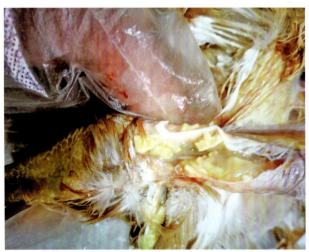

跗关节上方的黏性脓样物

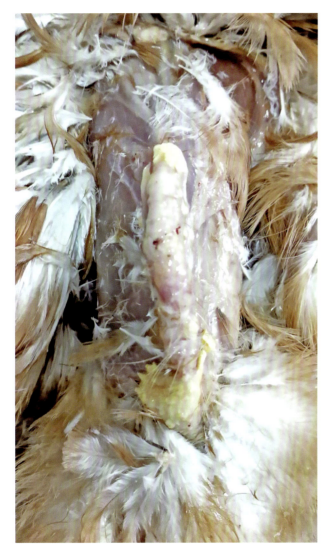

龙骨脊部的黄色黏性脓样物

龙骨脊部的黄色干酪样物

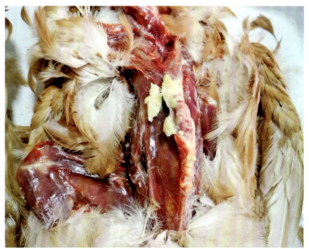

病鸡体瘦,龙骨脊部黄色

病鸡龙骨脊部皮下有黄色黏性脓样物

慢性病鸡所产鸡蛋（太阳蛋）

诊断要点

（1）临床特征　不愿运动、跗关节及脚趾关节或脚垫部肿大且有热感和波动感、粪便含有大量的尿酸。

（2）剖检病变　腱鞘处有黄白色或绿色渗出物、关节滑液囊或脚垫内有黏液性呈灰白色的乳酪样渗出物。

预防措施

由于滑液囊支原体可经蛋直接传播，所以唯一有效的控制措施就是培育无病健康的种鸡群。种鸡必须定期进行检疫，及时剔除阳性鸡，此外，应用抗生素浸蛋、孵化加热和蛋内接种等方法，可防止本病的垂直传播。

治疗方法

滑液囊支原体对泰乐菌素、阿奇霉素、林可霉素、土霉素、大观霉素、环丙沙星、氧氟沙星、四环素等比较敏感,对红霉素有一定的抵抗力。治疗时可在饲料中加 0.0032% 的大观霉素饮水,连用 4~7 天,或用恩诺沙星、环丙沙星、氧氟沙星、培氟沙星、二氟沙星、加替沙星等,按 0.008%~0.01% 饮水,连用 3~5 天。同时,应提高饲养管理水平,注意通风,适当降低饲养密度,冬季防止冷应激,避免外伤和消灭外部寄生虫。

第三章
寄生虫病

一、球虫病

简介

球虫病是艾美耳属的多种球虫寄生在鸡小肠或盲肠黏膜内繁殖而引起肠道组织损伤、出血，导致的一种常见原虫病。病愈的雏鸡生长受阻，增重缓慢；成年鸡一般不发病，但为带虫者，增重和产蛋能力降低，是传播球虫病的重要病源。本病一年四季均可发生，4~9月为流行季节，特别是7~8月潮湿多雨、气温较高的梅雨季节易暴发。

病原与流行特点

病原为艾美耳球虫，国内现已发现9种，致病力和致病部位不一致。以柔嫩艾美耳球虫为雏鸡球虫病的主要病原，因寄生于盲肠，也称盲肠球虫。其他的巨型艾美耳球虫、堆型艾美耳球虫、和缓艾美耳球虫、早熟艾美耳球虫、布氏艾美耳球虫、变位艾美耳球虫、哈氏艾美耳球虫和毒害艾美耳球虫均寄生于小肠，也称小肠球虫。鸡是鸡球虫唯一的天然宿主。所有日龄和品种的鸡对球虫都易感染，一般暴发于3~6周龄的雏鸡，很少见于2周龄以内的鸡群。柔嫩、巨型和堆型艾美耳球虫的感染常发生在3~7周龄的鸡，而毒害艾美耳球虫常见于8~18周龄的鸡。病鸡、带虫鸡排出的粪便是感染来源。球虫病耐过的鸡，可持续从粪便中排出球虫卵囊达7.5个月。苍蝇、甲虫、蟑螂、鼠类、野鸟，甚至人都可成为该寄生虫的机械性传播媒介，凡被病鸡、带虫鸡的粪便或其他动物污染过的饲料、饮水、土壤或用具等，都可能有卵囊存在，易感鸡吃了大量被污染的卵囊，经消化道传播。

临床症状

临床上多分为急性型和慢性型。

（1）**急性型** 多见于1~2月龄的鸡。精神不振，食欲减退，羽毛松乱，缩颈、闭目呆立；贫血，皮肤、冠和肉髯颜色苍白，逐渐消瘦；排血样粪便，或排"胡萝卜颜色"的浅红色粪便，严重者甚至排出鲜血，尾部羽毛被血液或暗红色粪便污染。

（2）**慢性型** 多见于2~4月龄的青年鸡或成年鸡，症状与急性型类似，逐渐消瘦，间歇性腹泻，产蛋量减少。

病鸡排出"胡萝卜颜色"的浅红色粪便

病理变化

1）柔嫩艾美耳球虫寄生于盲肠，致病力最强。盲肠肿大2~3倍，呈暗红色，十二指肠肿胀，浆膜面有大的针尖出血点、出血斑；剪开盲肠，内有大量血液、血凝块，盲肠黏膜出血、水肿和坏死，盲肠壁增厚。

2）毒害艾美耳球虫寄生于小肠中1/3段，致病力强；巨型艾美耳球虫寄生于小肠，以中段为主，有一定的致病作用；堆型艾美耳球虫寄生于十二指肠及小肠前段，有一定的致病作用，严重

病鸡排红色稀粪

感染时引起肠壁增厚和肠道出血等病变；和缓艾美耳球虫、哈氏艾美耳球虫寄生于小肠前段，致病力较低，可能引起肠黏膜的卡他性炎症；早熟艾美耳球虫寄生在小肠前1/3段，致病力低，一般无肉眼可见的病变；布氏艾美耳球虫寄生于小肠后段，盲肠根部，有一定的致病力，能引起肠道点状出血和卡他性炎症。其共同的特点是损害的肠管变粗、增厚，黏膜上有许多针尖大的出血点或严重出血，肠内有凝血或"胡萝卜颜色"的黏性内容物，重症者肠黏膜出现糜烂、溃疡或坏死。

3）变位艾美耳球虫寄生于小肠、直肠和盲肠，有一定的致病力，轻度感染时肠道的浆膜和黏膜上出现单个、包含卵囊的斑块，严重感染时可出现散在或集中的斑点。

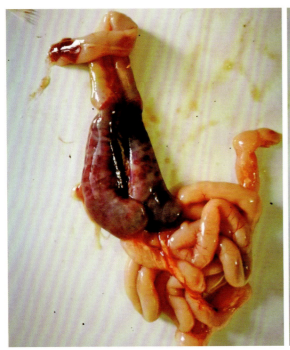 

盲肠内充满血液

第三章 寄生虫病

产蛋鸡盲肠球虫

青年鸡盲肠球虫

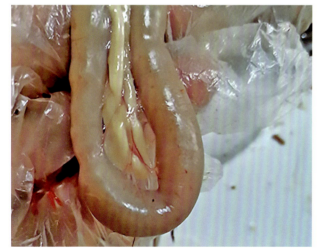

十二指肠肿胀，从浆膜面就可看到针尖大的出血点

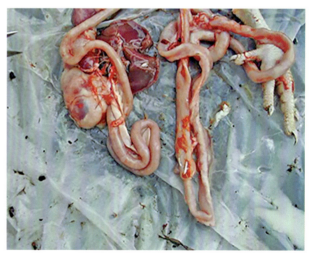

肠内容物呈"胡萝卜颜色"

从小肠浆膜面就可看到针尖大的出血点

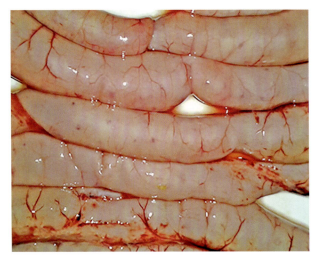

小肠平滑肌贫血,透过浆膜面可看到针尖大的出血点

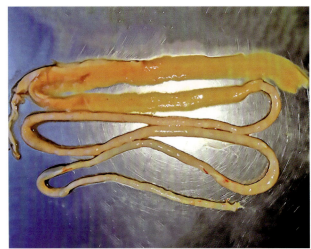

小肠黏膜上针尖大的出血点

诊断要点

（1）**临床特征**　冠和肉髯颜色苍白、排血样粪便、间歇性腹泻。
（2）**剖检病变**　盲肠肿大有出血点、肠壁增厚、肠道出血。

预防措施

（1）**免疫接种**　球虫苗（1~2头份）喷料接种可于1日龄进行，饮水接种须推迟到5~10日龄进行。鸡群在地面垫料上饲养的，接种1次卵囊；笼养与网架饲养的，首免之后间隔7~15天要进行二免。疫苗免疫前后应避免在饲料中使用抗球虫药物，以免影响免疫效果。

（2）**药物预防**

1）蛋鸡的药物预防：可从10~12日龄开始，至70日龄前后结束，在此期间持续用药不停；也可选用两种药品，间隔3~4周交替使用。

2）肉鸡的药物预防：可从1~10日龄开始，至屠宰前休药期为止，在此期间持续用药不停。

3）蛋鸡与肉鸡若是笼养，或在金属网床上饲养，可不用药物预防。

（3）**平时的饲养管理**　鸡群要全进全出，鸡舍要彻底清扫、消毒，保持环境清洁、干燥和通风，保持饲料中有足够的维生素A和维生素K等。同一鸡场，雏鸡和成年鸡要分开饲养，避免耐过鸡排出的病原传给雏鸡。

治疗方法

1）2.5%的妥曲珠利溶液混饮（25毫克/升）2天。也可用0.2%、0.5%的地克珠利预混剂混饲（每千克饲料1克），连用3天。

⚠ **注意**：0.5%的地克珠利溶液，使用时现用现配，否则影响疗效。

2）30%的磺胺氯吡嗪钠可溶粉混饲（每千克饲料0.6克）3天，或混饮（0.3克/升）3天，休药期为5天。也可用10%的磺胺喹噁啉可溶性粉，治疗时常采用0.1%的高浓度含量，连用3天，停药2天后再用3天，预防时混饲（每千克饲料125毫克）。磺胺二甲基嘧啶按0.1%混饮2天，或按0.05%混饮4天，休药期为10天。

3）20%的盐酸氨丙啉可溶性粉混饲（每千克饲料125~250毫克）3~5天，或混饮（60~240毫克/升）5~7天。也可用鸡宝-20（每千克含盐酸氨丙啉200克，盐酸呋喃唑酮200克），治疗时混饮（每100升水60克）5~7天；预防量减半，连用1~2周。

4）20%的尼卡巴嗪预混剂混饲（肉鸡每千克饲料125毫克），连用3~5天。

5）1%的马杜霉素铵预混剂混饲（肉鸡每千克饲料5毫克），连用3~5天。

6）25%的氯羟吡啶预混剂混饲（每千克饲料125毫克），连用3~5天。

7）5%的盐霉素钠预混剂混饲（每千克饲料60毫克），连用3~5天。也可用10%的甲基盐霉素预混剂混饲（每千克饲料60~80毫克），连用3~5天。

8）15%或45%的拉沙洛西钠预混剂混饲（每千克饲料75~125毫克），连用3~5天。

9）5%的赛杜霉素钠预混剂混饲（肉鸡每千克饲料25克），连用3~5天。

10）0.6%的氢溴酸常山酮预混剂混饲（每千克饲料3毫克），连用5天。

11）德信球痢灵：青蒿300克、仙鹤草500克、白头翁300克、马齿苋100克、狼毒草20克。预防用量为1千克拌料200千克。治疗用量为1千克拌料100千克或水煎过滤液兑水饮。用药渣拌料饲喂，连用3~5天。

二、鸡组织滴虫病

简介

鸡组织滴虫病又称为传染性盲肠肝炎或黑头病,是由火鸡组织滴虫寄生于鸡的盲肠和肝脏所引起的原虫病。临床以肝脏坏死和盲肠溃疡为主要特征。本病多发生于夏季。鸡群的管理条件不良、鸡舍潮湿、过度拥挤、通风不良、光线不足、饲料质量差、营养不全、饲料中营养元素缺乏特别是维生素A的缺乏等,都可促使本病的暴发。

病原与流行特点

病原为火鸡组织滴虫,是一种大小不一,近圆形和变形虫形,伪足钝圆的多形性虫体。2周龄~4月龄的鸡均可感染,但2~6周龄的鸡易感性最强,成年鸡也可以发生,但呈隐性感染,并成为带虫者。病鸡、带虫鸡排出的粪便为传染源。该寄生虫主要通过消化道感染,异刺线虫不仅是组织滴虫的储藏宿主,还是传播者。此外,蚯蚓、蚱蜢、蝇类、蟋蟀等由于吞食了土壤中的异刺线虫的虫卵和幼虫,而使它们成为机械的带虫者,当雏鸡吞食了这些昆虫后,单孢虫即逸出,并使雏鸡发生感染。

临床症状

病鸡表现为不爱活动,嗜睡,食欲减少或废绝,衰弱,贫血,消瘦,身体蜷缩,腹泻,粪便呈浅黄色或浅绿色,严重者带有血液,随着病程的发展,病鸡头部皮肤、冠及肉髯严重发绀,呈紫黑色。

病理变化

典型病变可见一侧或两侧盲肠肿大,严重时盲肠肿大如成人小手指粗,触之坚硬如香肠一般,剖开肠壁,内容物被干燥坚实的干酪样物充塞,充塞物横断面切开呈同心圆状,肝脏肿大呈紫褐色,表面散布大小不一的圆形、黄绿色或黄白色而中间发红似"火山口"样的坏死灶;坏死灶中央稍下陷,边缘稍隆起,呈硬币状;坏死灶深入肝脏实质内,肝脏出现成片的坏死和增生病变。病后数周,可看到盲肠壁增厚;肝脏轻度萎缩,其表面高低不平。

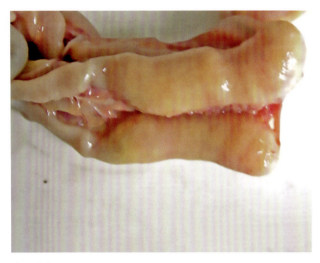

盲肠肿大

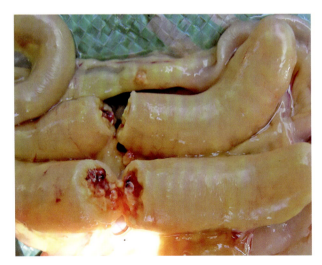

盲肠内充满干酪样物

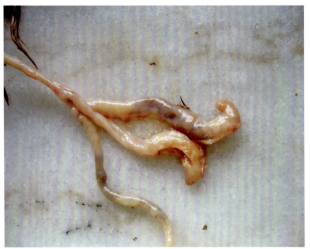

盲肠呈香肠状

肝脏呈"火山口"样病灶,边缘稍隆起

肝脏有大小不一的黄色、中间发红的病灶

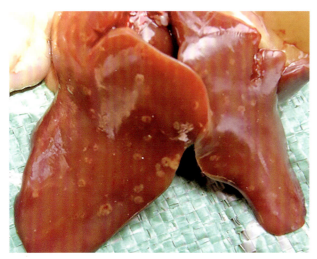

发病初期,肝脏出现大量小的"火山口"样坏死灶

发病后期,肝脏出现成片的坏死和增生病变

诊断要点

（1）**临床特征** 贫血，冠及肉髯严重发绀，粪便呈浅黄色或浅绿色。

（2）**剖检病变** 盲肠肿大，干酪样物充塞；肝脏"火山口"样的坏死灶。

预防措施

（1）**驱除异刺线虫** 左旋咪唑按每千克体重 25 毫克（1 片）1 次内服，也可使用针剂，用量、效果与片剂相同。另外，应对成年鸡进行定期驱虫。

（2）**严格做好鸡群的卫生和管理工作** 及时清除粪便，定期更换垫料，防止带虫体的粪便污染饮水或饲料。此外，鸡与火鸡一定要分开饲养管理。

治疗方法

（1）**西药疗法**

①甲硝唑（甲硝咪唑、灭滴灵）：鸡按每升水 500 毫克混饮 7 天，停药 3 天，再用 7 天。蛋鸡禁用。

②地美硝唑（二甲硝唑、二甲硝咪唑、达美素）：20% 的地美硝唑预混剂，治疗时按每千克饲料 500 毫克混饲；预防时按每千克饲料 100~200 毫克混饲。蛋鸡禁用，休药期为 3 天。

③丙硫苯咪唑：按每千克体重 40 毫克，1 次内服。

④ 2- 氨基 -5- 硝基噻唑：在饲料中添加 0.05%~0.1%，连续饲喂 14 天。

（2）**中药疗法** 青蒿、苦参、常参各 500 克，柴胡 75 克，何首乌 80 克，白术、茯神各 600 克，加水 5 升煎服，可供 1000 只 50 日龄左右的病鸡饮用，或者供给 1500 只 7~20 日龄的病鸡饮用。集中饮用，每天 2~3 次，直到康复为止。

三、鸡住白细胞原虫病

简介

鸡住白细胞原虫病又称为白冠病,是由住白细胞原虫寄生在鸡的单核白细胞中所引起的一种高致死性血液原虫病。临床上以内脏器官、肌肉组织广泛出血以及形成灰白色的裂殖体结节等为特征。

病原与流行特点

病原为卡氏住白细胞虫、沙氏住白细胞虫及林氏住白细胞虫。蚋是本病的传播媒介,鸡是住白细胞虫的中间宿主。卡氏住白细胞虫病的发生及流行与库蠓的活动有直接关系。当气温在20℃以上时,库蠓繁殖快,活力强,本病发生和流行也就日趋严重。

临床症状

病鸡最典型的症状为贫血,流涎、腹泻,粪便呈绿色水样。由本病引起的贫血,可见有鸡冠和肉髯苍白,黄疸症状不严重。本病的另一特征是突然咯血,呼吸困难,常因内出血而突然死亡。特征性症状是死前口流鲜血,因而常见水槽和料槽边沾有病鸡咳出的红色鲜血。病情稍轻的病鸡卧地不动,1~2天后死于内出血。但也有病鸡耐过而康复。

病理变化

血液稀薄,不易凝固;全身皮下出血,肌肉表面出血,尤其是胸肌、腿肌有大小不等的出血囊和出血斑；脂肪上有突出表面的出血性小结节；法氏囊有针尖大小的出血点；胰腺有突出于表面的针尖大的出血点和坏死点；肝脏和脾脏肿大出血，表面有灰白色的小结节；气管、胸腹腔、腺胃、肌胃和肠系膜有出血结节，有时见有大量积血；十二指肠有散在出血点；输卵管黏膜上有大量出血点和坏死点；肾脏肿大、出血；心肌有出血点和灰白色的小结节。

鸡冠发白

病鸡皮下出血囊

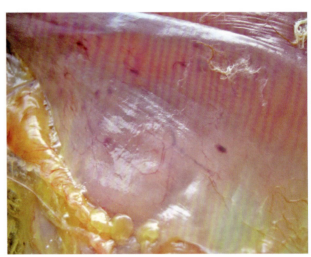

肌肉表面出血囊

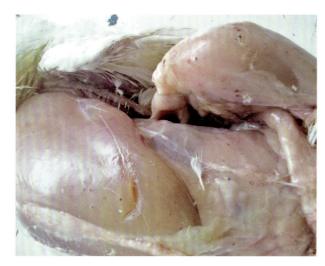

胸部、腹部、腿部皮下出血囊

肾脏出血

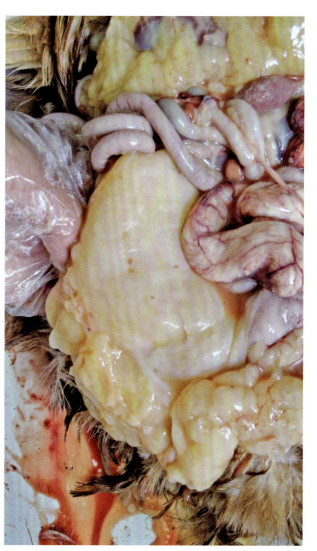

脂肪上可见突出表面的出血性小结节

腹腔的出血点

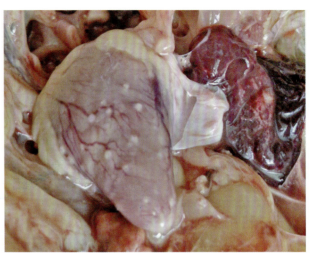

心肌有灰白色的小结节

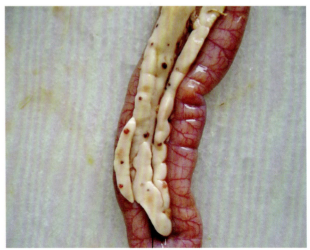

突出于胰腺上的出血点

十二指肠及胰腺上的出血点　　　　　输卵管黏膜上有大量出血点　　　　　肠系膜、脂肪上的出血结节

诊断要点

（1）临床特征　贫血，粪便呈绿色水样，鸡冠和肉髯苍白，死前口流鲜血。

（2）剖检病变　肌肉有大小不等的出血点和出血斑，法氏囊有针尖大小出血点，十二指肠有散在出血点。

预防措施

1）加强环境消毒，在饲料中添加维生素 K_3，减少血液的流失，提高抵抗疾病的能力。加强对蚊蝇、库蠓和蚋的控制，消除其滋生源。

2）鸡舍内用 2.5% 的溴氢菊酯以 2500 倍水稀释，喷雾消毒，以杀灭库蠓、蚋等昆虫，连用 1 周。消毒时间一般选在 18:00-20:00 进行。

3）增强鸡体抵抗力。做好防暑降温工作，加强鸡舍的通风换气，调整饲养密度。适当增加饲料中维多利、动物性蛋白质饲料的用量，必要时添加酶制剂、酸制剂和其他助消化物质，增进鸡的食欲，促进消化和维持鸡的肠道菌群平衡。

治疗方法

（1）西药疗法

①磺胺间甲氧嘧啶片：按每千克体重首次量为 50~100 毫克 1 次内服，维持量为每千克体重 25~50 毫克，每天 2 次，连用 3~5 天；或按 0.05%~0.2% 混饲 3~5 天；或按 0.025%~0.05% 混饮 3~5 天。休药期为 7 天。

②10%、20% 的磺胺嘧啶钠注射液：按每千克体重 10 毫克 1 次肌内注射，每天 2 次；磺胺嘧啶片按每只育成鸡 0.2~0.3 克 1 次内服，每天 2 次，连用 3~5 天；或按 0.2% 混饲 3 天；或按 0.1%~0.2% 混饮 3 天。蛋鸡禁用。

③二盐酸奎宁：每支 1 毫升的二盐酸奎宁注射 4 只鸡，每天 1 次，连用 6 天，疗效较好。

④氯羟吡啶：25% 的氯羟吡啶预混剂，按每千克饲料 250 毫克混饲。

（2）中药疗法

德信驱虫灵：鹤虱 30 克、使君子 30 克、槟榔 30 克、芜荑 30 克、雷丸 30 克、绵马贯众 60 克、干姜 15 克、乌梅 30 克、诃子 30 克、大黄 30 克、百部 30 克、木香 15 克、榧子 30 克。预防用量为 1000 克拌料 300 千克。治疗用量为 1000 克拌料 150 千克或水煎过滤液兑水饮。药渣拌料，连用 3~5 天。

四、蛔虫病

简介

蛔虫病是由鸡蛔虫引起的一种线虫病，是鸡吞食了感染性虫卵或啄食了携带感染性虫卵的蚯蚓而引起的。本病分布很广，对散养鸡有较大的危害。

病原与流行特点

病原为鸡蛔虫，虫体粗大，黄白色，头端有3片唇，是寄生于鸡体内的最大的一种线虫。4周龄内的鸡感染后一般不出现症状，5~12周龄的鸡（尤其是散养鸡和地面平养鸡）感染后发病率较高，且病情较重，超过12周龄的鸡抵抗力较强，1年以上的鸡不发病，但可带虫。

临床症状

病鸡常表现精神不振，营养不良，羽毛松乱，鸡冠苍白，行动迟缓，常呆立不动。消化机能紊乱，食欲减退，腹泻和便秘交替出现，稀粪中常混有带血黏液，病鸡逐渐消瘦，甚至衰竭而死亡。4月龄以上的成年鸡一般不表现症状，个别严重感染的鸡会出现生长不良、贫血，母鸡产蛋量减少，有腹泻症状。

病理变化

在病鸡小肠内发现有大量虫体便可确诊。病鸡小肠黏膜发炎、出血，肠壁上有颗粒状化脓灶或结节，粟粒大，微带红色，结节内的幼虫长1毫米。幼虫寄生可引起肠黏膜水肿、充血、出血。严重感染时可见大量成虫聚集，相互缠结，引起肠阻塞，甚至造成肠破裂引发腹膜炎。由于小肠逆蠕动，可使蛔虫虫体进入肌胃内。

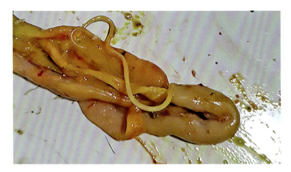

小肠内的蛔虫（一）

小肠内的蛔虫（二）

小肠内有大量蛔虫（一）

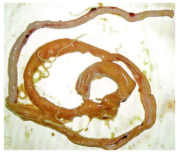

小肠内有大量蛔虫（二）

诊断要点

（1）临床特征　营养不良，鸡冠苍白，腹泻和便秘交替出现，稀粪中常混有带血黏液。

（2）剖检病变　小肠内有大量虫体。

预防措施

（1）加强饲养管理　改善环境卫生，每天清除鸡舍内外的积粪，粪便应堆积发酵。雏鸡与成年鸡应分群饲养，不共用运动场。

（2）预防性驱虫　对有蛔虫病流行的鸡场，每年应进行2~3次定期驱虫。雏鸡在2月龄左右进行第一次驱虫，第二次在冬季进行；成年鸡的驱虫第一次在10~11月，第二次在春季产蛋季节前1个月进行。

治疗方法

（1）西药疗法

①枸橼酸哌哔嗪：按每千克体重250毫克，空腹时拌于少量饲料中一次性投喂，或配成1%的水溶液任其饮服，但药物必须在8~12小时内用完，且应在用药前禁食（饮）1夜。

②四咪唑：按每千克体重40~60毫克，逐个鸡空腹时灌服；或按每千克体重60毫克，混于少量饲料中投喂。也可用左旋咪唑内服（每千克体重25毫克），或拌于少量饲料中内服，或用5%的注射液肌内注射（每千克体重0.5毫升）；阿苯达唑1次口服（每千克体重25毫升）；奥苯达唑1次口服（每千克体重40毫克）。以上药物1次口服往往不易彻底驱除，间隔2周后再重复用药1次。

③潮霉素B：1.76%的潮霉素B预混剂按每千克饲料8~12克混饲，休药期为3天。

④越霉素A：20%的越霉素A预混剂按每千克饲料5~10毫克混饲。蛋鸡禁用，休药期为3天。

⑤伊维菌素或阿维菌素：1%的伊维菌素注射液按每千克体重0.2~0.3毫克1次皮下注射或内服。

（2）中药疗法

德信驱虫灵：鹤虱30克、使君子30克、槟榔30克、芜荑30克、雷丸30克、绵马贯众60克、干姜 15 克、乌梅 30 克、诃子 30 克、大黄 30 克、百部 30 克、木香 15 克、榧子 30 克。预防用量为 1000 克拌料 300 千克；治疗用量为 1000 克拌料 150 千克或水煎过滤液兑水饮。用药渣拌料饲喂，连用 3~5 天。

五、绦虫病

简介

绦虫病是由赖利属的多种绦虫寄生于鸡的小肠（主要在十二指肠）中引起的。常见的赖利绦虫有棘沟赖利绦虫、四角赖利绦虫和有轮赖利绦虫等。大量虫体感染时，常引起贫血、消瘦、腹泻、产蛋量减少甚至停止。

病原与流行特点

棘沟赖利绦虫和四角赖利绦虫的中间宿主是蚂蚁，有轮赖利绦虫的中间宿主是蝇和鞘翅目昆虫（如金龟子科和步行虫科的甲虫），节片戴文绦虫的中间宿主是蛞蝓，鸡膜壳绦虫的中间宿主是甲虫类和陆地螺蛳。鸡啄食了含有囊尾蚴的蚂蚁、蝇、甲虫、蛞蝓、陆地螺蛳而感染。易感性最强的是雏鸡，以 17~40 日龄的鸡最易感，对雏鸡的危害性较严重。

临床症状

由于绦虫的品种不同，病鸡的症状也有差异，共同表现有可视黏膜苍白或黄染，精神沉郁，羽毛蓬乱，缩颈垂翅，采食减少，饮水增多，肠炎，腹泻，有时带血。病鸡消瘦、大小不一。有的绦虫产物能使鸡中毒，引起腿脚麻痹，头颈扭曲，进行性瘫痪（甚至"劈叉"）等症状；有些病鸡因瘦弱、衰竭而死亡。感染病鸡一般在感染初期（感染后 50 天左右）节片排出最多，以后逐渐减少。

病理变化

脾脏和肝脏肿大，肝脏呈土黄色，出现脂肪变性，易碎，部分病鸡腹腔积液。小肠黏膜呈点状出血，内有大量虫体及其节片，严重者，虫体阻塞肠道。

病鸡体内的绦虫

小肠内的绦虫

小肠内出现大量绦虫

肠道内的大量绦虫

诊断要点

（1）临床特征　可视黏膜苍白或黄染，进行性瘫痪，瘦弱。

（2）剖检病变　小肠内有虫体及其节片。

预防措施

改善环境卫生，加强粪便管理，随时注意感染情况，及时进行药物驱虫（建议在60日龄和120日龄各预防性驱虫1次）。

治疗方法

1）丙硫苯咪唑：按每千克体重15~25毫克1次内服。

2）氯硝柳胺：按每千克体重50~100毫克1次内服。

3）氢溴酸槟榔碱：按每千克体重3毫克1次内服；或配成0.1%的水溶液饮服。

4）吡喹酮：按每千克体重10~20毫克1次内服，对绦虫成虫及未成熟虫体有效。

蛋鸡小肠内的大量绦虫

第四章
普通病

一、肉鸡腹水综合征

简介

肉鸡腹水综合征又称为肉鸡肺动脉高压综合征,是一种由多种致病因子共同作用引起的快速生长幼龄肉鸡以右心肥大、扩张以及腹腔内积聚浆液性浅黄色液体为特征,并伴有明显的心脏、肺、肝脏等内脏器官病理性损伤的一种非传染性疾病。

病因

诱发本病的因素有遗传因素、环境因素、饲料因素等,一般都是由于机体缺氧引起肺动脉压升高,右心室衰竭,以致体腔内发生腹水和积液。

临床症状

患病肉鸡主要表现为精神不振,食欲减少,走路摇摆,腹部膨大、皮肤呈红紫色,触之有波动感,病重鸡呼吸困难;病鸡不愿站立,以腹部着地,喜躺卧,行动缓慢,似企鹅状运动;体温正常;羽毛粗乱,两翼下垂,生长滞缓,反应迟钝,呼吸困难,严重病例鸡冠和肉髯呈紫红色,皮肤发绀,抓鸡时鸡可突然抽搐死亡;用注射器可从腹腔可抽出大量的液体,病鸡腹水消失后,

孙卫东 摄

腹部膨胀、皮肤呈紫红色

生长速度缓慢。

病理变化

腹部膨大，触诊有波动感。剖开腹部，从腹腔中流出大量浅黄色或清亮透明的液体，有的混有纤维素性沉积物和胶冻样物；心脏肿大、变形、柔软，尤其右心房扩张显著，右心肌变薄、色浅，并带有白色条纹，心腔积有大量凝血块，肺动脉和主动脉极度扩张，管腔内充满血液。部分鸡心包积有浅黄色液体；肝脏肿大或萎缩、质硬、瘀血、变性、出血，表面凹凸不平，有胶冻样渗出物，胆囊肿大，突出肝脏表面，内充满胆汁；肺瘀血、水肿，呈花斑状，质地稍坚韧，间质有灰白色条纹，切面流出大量带有小气泡的血样液体；气管黏膜严重出血；脾脏呈暗红色，切面脾小体结构不清；肾脏稍肿、瘀血、出血。脑膜血管扩张、充血；胃稍肿、瘀血、出血；肠系膜及浆膜充血，肠黏膜有少量出血，肠壁水肿增厚。肉鸡腹水综合征可引起所有内脏瘀血呈暗红色。

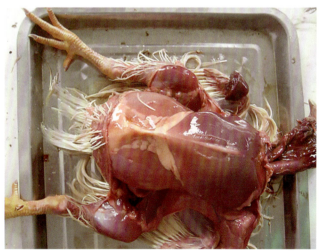
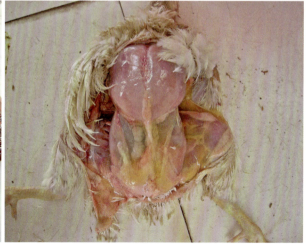

腹部膨大，触诊有波动感

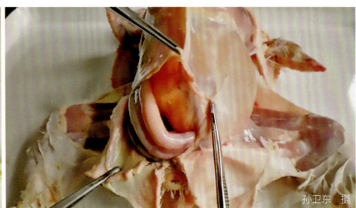

腹膜腔内积有大量浅黄色液体

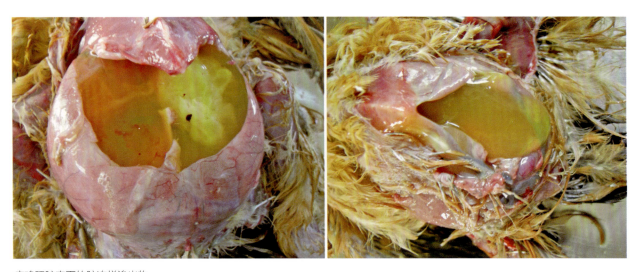

病鸡肝脏表面的胶冻样渗出物

第四章 普通病

腹腔内有大量浅黄色的纤维素性沉积物

腹腔内流出浅黄色胶冻样物

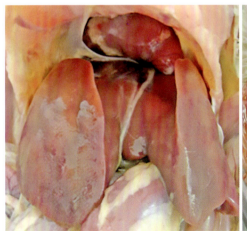

肝脏肿大、质硬，表面凹凸不平

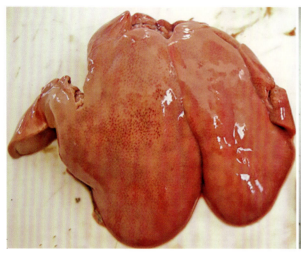
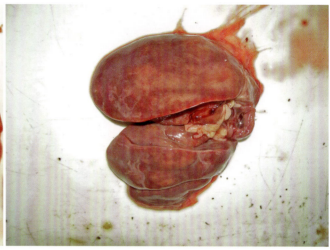

肝脏肿大、变性、出血

诊断要点

（1）临床特征　腹部膨大，皮肤呈红紫色，呼吸困难，似企鹅状运动。
（2）剖检病变　腹腔中流出大量浅黄色或清亮透明的液体，肺动脉和主动脉极度扩张。

预防措施

（1）加强饲养管理　在饲养管理上，采取良好的管理措施，实施光照强度低的渐增光照程序。

（2）抑制肠道中氨的水平　在饲料中添加尿酶抑制剂，死亡率平均降低39.3%，且日增重和饲料转化率都略有改善。

（3）添加碳酸氢钠　碳酸氢钠可中和酸中毒，使血管扩张而使肺动脉压降低，从而降低肉鸡腹水综合征的发病率。

（4）早期限饲　2~3周龄的鸡，平均限食量为27%。

（5）改善饲养环境　调整饲养密度，改善通风条件，减少舍内有害气体及灰尘的含量，保证有充足的氧气。

（6）孵化补氧　孵化缺氧是导致肉鸡腹水综合征的重要因素，所以在孵化的后期，向孵化器内补充氧气。

（7）减少应激反应　避免不良因素对鸡群的刺激是预防肉鸡腹水综合征的基础措施。

治疗方法

（1）降低日粮粗蛋白质含量与能量水平　1~3周龄日粮粗蛋白质含量20.5%，4~6周龄粗蛋白质含量18.5%，7周龄至出笼粗蛋白质含量18%。

（2）控制日粮中油脂含量　6周龄前油脂含量应保持在1%，7周龄至出笼油脂含量不超过2%；尽可能使日粮中盐含量不超过0.5%。

（3）适度限饲　限制1~30日龄的肉鸡每天采食量的10%~20%，限食5~19天后恢复正常。这样不但能预防肉鸡腹水综合征，还能提高饲料的利用率。

（4）在饲料中添加脲酶抑制剂　脲酶抑制剂可降低肉鸡腹水综合征的发病率和死亡率；对已发病鸡用2%的肾肿灵饮水做辅助治疗，5天为一个疗程。

（5）中药方剂　党参45克、黄芪50克、苍术30克、陈皮45克、木通30克、赤芍50克、甘草40克、茯苓50克组成方剂，共研为细末。治疗量按每千克体重用量1克，一次性拌料饲喂，每天上午饲喂，连喂5天，预防量减半。

二、肉鸡猝死综合征

简介

肉鸡猝死综合征又称为"翻跳病""暴死症""急性死亡综合征",是肉鸡生产中常见的一种疾病,多发生于生长快、体形大、肌肉丰满的鸡。

病因

本病多与营养、光照、防疫、饲养密度、应激反应等饲养管理因素有关。肉用仔鸡阶段生长速度快,而自身的一些系统功能(如心血管系统、呼吸系统、消化系统等发育尚不完善)跟不上其发育速度,导致过快增长与系统功能不完善之间的矛盾,从而引发猝死。此外,饲料中蛋白质、脂肪含量过高,维生素与矿物质配比不合理也是重要的诱因之一。青年鸡采食量大,超量营养摄入体内造成营养过剩,呼吸加快,心脏负担加重,相应的需氧量增加,造成快速生长与系统功能不完善之间的矛盾,从而发生猝死现象。

临床症状

发病前无明显征兆,行动突然失控,向前或向后跌倒,双翅剧烈拍动,肌肉痉挛,发出尖叫声,继而颈和腿伸直,倒地而死。死鸡一般为两脚朝天,呈仰卧或腹卧姿势,颈部扭曲,肌肉痉挛。个别鸡只发病时突然尖叫。

病理变化

外观体形较丰满，除鸡冠、肉髯略潮红外无其他异常。嗉囊和肌胃内充盈刚采食的饲料，左心室紧缩，右心房瘀血，肝脏肿大、质脆、色苍白，肺组织暗红、水肿，胸肌、腹肌湿润苍白，少数死鸡偶见肠壁有出血症状。

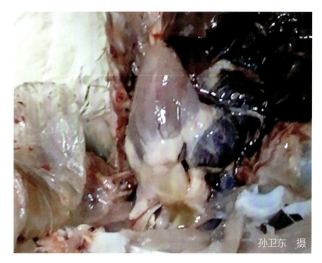

左心室紧缩，右心房瘀血

诊断要点

（1）**临床特征** 行动突然失控，跌倒，肌肉痉挛，倒地而死。

（2）**剖检病变** 嗉囊和肌胃内充满饲料，心房扩张，肝脏肿大，肺组织暗红。

预防措施

（1）**改善环境因素** 鸡舍应防止噪声及突然惊吓，减少各种应激因素。合理安排光照时间，在肉鸡3~21日龄时，光照时间不宜太长，一般为10小时。3周龄后可逐渐增加光照时间，但每天应有两个光照期和两个黑暗期。

（2）**适量限制饲喂** 对3~30日龄的雏鸡进行限制性饲喂，控制肉鸡的早期生长速度，可明显降低本病的发生率，后期增加饲喂量并提高营养水平，肉鸡仍能在正常时间上市。

（3）**药物预防** 在本病的易发日龄段，每吨饲料中添加1千克氯化胆碱，1万国际单位的维生素E，12毫克维生素B_1和3.6千克的碳酸氢钾及适量维生素AD_3，可使肉鸡猝死综合征的发生率降低。

治疗方法

对于本病的治疗,目前尚无特效的治疗办法。

三、鸡痛风

简介

鸡痛风是一种由蛋白质代谢障碍引起的高尿酸血症。其病理特征为血液尿酸水平增高,尿酸盐在关节囊、关节软骨、内脏、肾小管及输尿管中沉积。临床表现为运动迟缓,腿、翅关节肿胀,厌食、衰弱和腹泻。

病因

鸡痛风病是由于鸡体内核蛋白代谢发生障碍、尿酸形成过多并在体内蓄积,引起的一种代谢性疾病。

临床症状

临床上多见内脏型痛风和关节型痛风。

(1)内脏型痛风　比较多见,但临床上通常不易被发现,主要表现为营养障碍、腹泻和血液中尿酸水平增高。

（2）关节型痛风　多在趾前关节、趾关节发病，也可侵害腕前关节、腕关节及肘关节。关节肿胀，起初软而痛，界限多不明显，以后肿胀部逐渐变硬，微痛，形成不能移动或稍能移动的结节，结节有豌豆大小或蚕豆大小。病程稍久，结节软化或破裂，排出灰黄色干酪样物，局部形成出血性溃疡。病鸡往往呈蹲坐或独肢站立姿势，行动迟缓，跛行。

病理变化

（1）内脏型痛风　可见肾脏肿大，色泽变浅，表面有尿酸盐沉积形成的白色斑点。输尿管扩张变粗，管腔中充满石灰样的沉淀物。严重时，鸡在心脏、肝脏、脾脏、肺等内脏表面及浆膜面、腹膜、胸膜和肠系膜表面散在许多石灰样的白色絮状物（尿酸盐结晶），有的可形成一层白色薄膜。将这些沉淀物刮下镜检，可看到许多针状的尿酸盐结晶。

（2）关节型痛风　剖检时切开肿胀关节，可流出浓厚、白色黏稠的液体，液体中含有大量由尿酸、尿酸铵、尿酸钙形成的结晶，并常常形成一种所谓"痛风石"。

内脏表面沉积有大量尿酸盐

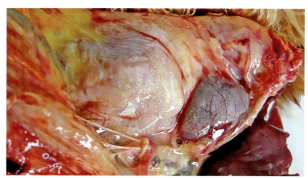

内脏浆膜面上有大量尿酸盐

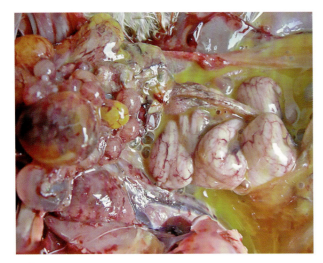
腹膜上及内脏表面有尿酸盐沉积

胸膜上有大量尿酸盐沉积

关节面上出现尿酸盐沉积

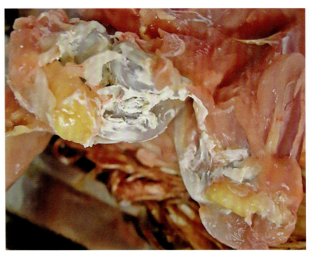
膝关节面上有大量尿酸盐沉积

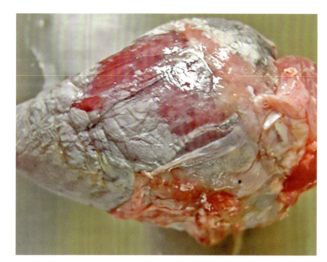

心脏表面沉积有大量尿酸盐

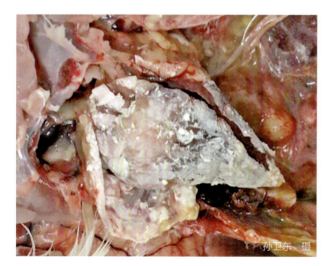

心包腔内有灰白色的尿酸盐沉积

腹腔内多个脏器表面有白色尿酸盐沉积

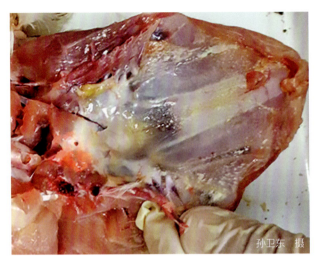
胸骨内壁有灰白色的尿酸盐沉积

肾脏肿大，输尿管增粗，内有石灰样尿酸盐结晶

诊断要点

（1）临床特征　关节肿胀、腹泻和血液中尿酸水平增高。
（2）剖检病变　内脏表面有尿酸盐沉积，关节有"痛风石"。

预防措施

1）加强饲养管理，合理配料，保证饲料的质量和营养的全价，防止营养失调，保持鸡群健康。

2）添加酸制剂。日粮中添加一定量的硫酸铵（每千克饲料 5.3 克）和氯化铵（每千克饲料 10 克）可降低尿的 pH，尿结石可溶解在尿酸中成为尿酸盐而排出体外，减少尿结石的发病率。

3）日粮中钙、磷和粗蛋白质应该满足需要量但不能超过，建议另外添加少量钾盐，或更少的钠盐。

4）在鸡痛风的多发地区，建议4日龄进行首免，并稍迟给青年鸡饲喂高钙日粮。保证饲料不被霉菌污染，存放在干燥的地方。对于笼养鸡，要经常检查饮水系统，确保鸡只能喝到水。使用水软化剂可降低水的硬度，从而降低鸡痛风的发病率。

治疗方法

（1）**西药疗法** 目前尚没有特别有效的治疗方法。可用大黄苏打片，每千克体重1.5片（含大黄0.15克、碳酸氢钠0.15克），重病鸡逐只直接投服，其余拌料饲喂，每天2次，连用3天。在投用大黄苏打片的同时，饲料内添加电解多维（如活力健）、维生素AD_3粉，并给予充足的饮水，或在饮水中加入乌洛托品或阿司匹林进行治疗。

（2）**中药疗法**

方剂1 降石汤：取降香3份、石苇10份、滑石10份、鱼脑石10份、金钱草30份、海金砂10份、鸡内金10份、冬葵子10份、甘草梢30份、川牛膝10份，粉碎混匀，拌料喂服。每只每次喂5克，每天2次，连用4天。

⚠️ **注意**：用本方内服时，在饲料中补充浓缩鱼肝油（维生素A、维生素D）和维生素B_{12}，病鸡可在10天后病情好转，蛋鸡产蛋量在3~4周后恢复正常。

方剂2 八正散加减：取车前草100克、甘草梢100克、木通100克、扁蓄100克、灯芯草100克、海金砂150克、大黄150克、滑石200克、鸡内金150克、山楂200克、栀子100克，混合研细末，拌料喂服。1千克以下体重的鸡，每只每天喂1~1.5克，1千克以上体重的鸡，每只每天喂1.5~2克，连用3~5天。

方剂3 排石汤：取车前子250克、海金砂250克、木通250克、通草30克，煎水饮服，连服5天。

⚠️ **注意**：该方为1000只0.75千克体重鸡的1次用量。

四、脂肪肝综合征

简介

脂肪肝综合征是一种脂类代谢障碍性疾病，常发生于笼养蛋鸡，过肥的肉用仔鸡也有发生。本病以产蛋鸡多发，导致生产性能下降，患病鸡多由于肝脏积聚大量的脂肪，出现肝脂肪变性，易发生撕裂、内出血，又称为脂肪肝出血综合征。

发病特点

本病于 6~9 月炎热季节多发，普遍发生于产蛋高峰期且膘情良好的笼养蛋鸡，产蛋量逐渐下降。我国各地均有发生，发病率为 5% 左右。主要特征是肝脏发生脂肪变性、出血。本病也发生于 10~30 日龄肉用仔鸡，剖检可见肝脏和肾脏苍白、肿胀，有脂肪浸润，一般情况下，死亡率不超过 6%，但有的鸡群可高达 20%。

临床症状

（1）**蛋鸡**　高产笼养蛋鸡多发，多数情况体况良好，平时的产蛋率在 70%~85%，达不到产量高峰。病鸡食欲减少，精神沉郁，腹部柔软下垂，不愿走动，喜卧，鸡冠、肉髯色浅甚至发绀、带黄。当拥挤、驱赶、捕捉、产蛋时常发生肝脏破裂，鸡冠苍白，头向前伸或向背弯曲，倒地痉挛而死。

（2）**肉鸡**　主要见于重型及肥胖的肉鸡，往往突然发病。嗜睡、麻痹和突然死亡，有些病例表现为生物素缺乏症，喙周围发生皮炎，足趾干裂，羽毛生长不良。由于肝脏外膜破裂，导致致命性的出血而死亡。

病理变化

病鸡剖检可见皮下及腹部沉积大量脂肪；肝脏肿大，表面有出血点，沉积大量脂肪，质脆易碎，呈土黄色；用刀切时在刀表面有脂肪滴附着，在肝脏被膜下或腹腔内常见血凝块。腹腔、肾脏和心脏底部、肠管、肌胃也见有大量脂肪沉积。产道周围也蓄积大量脂肪，产蛋时必须用力挤压，因而压迫肿大的肝脏，导致肝破裂和内出血。脂肪组织因毛细血管充血而呈粉红色。有些鸡出现心包积液。肌胃因血管充血而肿胀，表面有渗出物；肌胃和肠道中有时有黑褐色的液体，有时喙部也有液体渗出。十二指肠内容物呈苍白色乳油状。

鸡冠苍白，皮下及腹部沉积大量脂肪

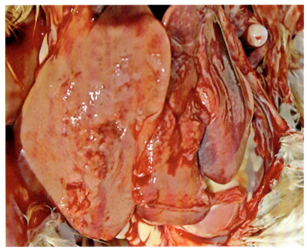

肝脏肿大、表面有出血点

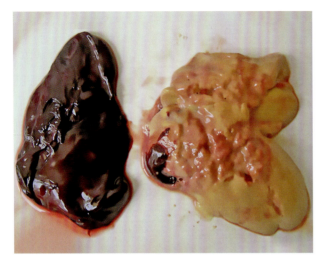

肝脏质脆，其被膜下或腹腔内常见血凝块

肝脏肿大呈土黄色，质脆易碎

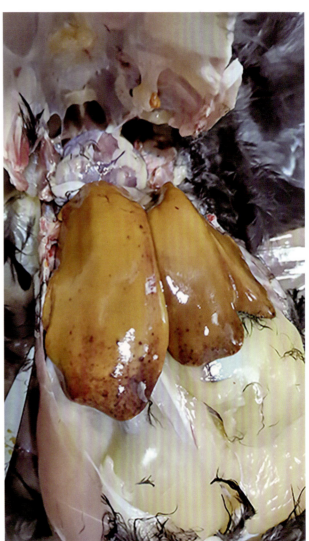

肝脏黄色油状、有出血点

腹腔大量脂肪，肝脏发黄、出血

肝脏质脆，切面易碎

诊断要点

（1）临床特征　腹部柔软下垂，肉髯色浅甚至发绀，多发生在生长良好的肉鸡。
（2）剖检病变　肝脏肿大易碎呈土黄色，肝脏脂肪沉积，脂肪组织呈粉红色。

预防措施

（1）合理搭配日粮　日粮应根据不同的品种、产蛋率进行科学配制，使能量和生产性能比控制在合理的范围内，可有效减少脂肪肝综合征的发生，同时不影响产蛋率。

（2）限饲　依照鸡群的不同产蛋阶段、不同气温采用分阶段饲养法，认真监测育雏育成期体重变化，8周龄时应严格控制体重，不可过肥，应适当控制饲喂量，不能让鸡无限制自由采食。当平均体重超过标准体重5%时，要立即进行限饲。鸡群产蛋高峰前限饲量要小，高峰后限饲量应大，小型鸡种可在 120 日龄后开始限制饲喂，一般限制饲喂量为 8%~12%。

（3）饲料中添加营养物质　如饲料中添加维素 E、生物素、胆碱、维生素 B、蛋氨酸、亚硒酸钠等可以预防和控制脂肪肝综合征。

（4）加强饲养管理　重视鸡舍通风，减少有害气体（氨气、二氧化碳、硫化氢等），保持空气新鲜。防止热应激反应，减少捕捉、噪声等应激因素对预防本病有重要意义。

治疗方法

（1）平衡饲料营养　尤其注意饲料中能量是否过高，如果过高，则可降低饲料中玉米的含量，改用麸皮代替。

（2）补充"抗脂肪肝因子"　主要是针对病情轻和刚发病的鸡群，在每千克日粮中补加胆碱 22~110 毫克，治疗 1 周有一定帮助。

五、肌胃糜烂症

简介

肌胃糜烂症又称为肌胃角质层炎，是由于饲料中鱼粉过量，或鱼粉质量低劣或饲料霉败变质而引起的一种非传染性的群发病，主要表现为肌胃发生糜烂和溃疡，甚至穿孔。

病因

该病主要发生于肉鸡，其次为蛋鸡。发病年龄多数在 2 周龄~2.5 月龄，呈散发性发生。病鸡死亡率高达 10% 以上，受害鸡的增重及饲料转化率均下降。鱼粉中含有的某些有害物质，包括肌胃糜烂素、组胺、细菌与霉菌毒素以及掺假用的羽毛粉、皮革粉、尿素可促使本病发生发展。

临床症状

病鸡精神不振，吃食减少，喜蹲伏，不爱走动，羽毛粗乱、蓬松，发育缓慢，消瘦，贫血，倒提病鸡可从其口腔中流出黑色或煤焦油样物质，排出棕色或黑褐色软粪，但死亡率不高，为 2%~4%。

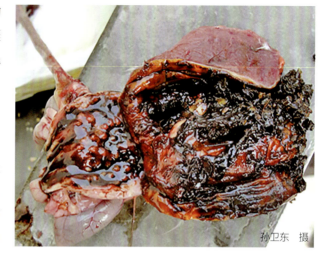

肌胃、腺胃内有暗褐色和暗黑色内容物

病理变化

病死鸡剖检时可见病鸡的整个消化系统呈暗褐色或暗黑色，但最明显的病理变化在胃部。肌胃、腺胃、肠道内充有暗褐色或黑色内容物，轻者在腺胃和肌胃交接处出现变性、坏死，随后向肌胃中后部发展，角质变色，角质层增厚、粗糙，似树皮样，常出现白色纤维素性渗出物；重者可见皱襞深部出血和大面积溃疡和糜烂，最严重时，溃疡向深部发展造成胃穿孔，嗉囊扩张，内充满黑色液体，十二指肠可见卡他性炎症或局部坏死。

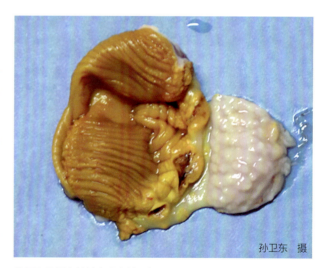

腺胃和肌胃交接处出现变性、坏死

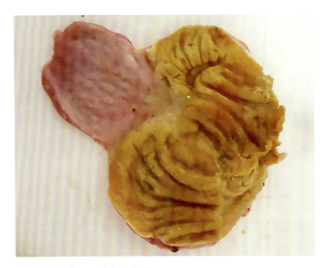
肌胃角质层增厚、溃疡、糜烂

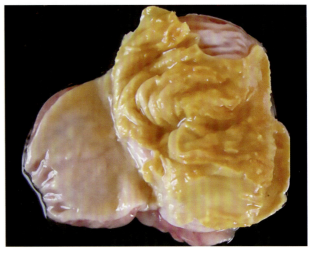
肌胃角质层增厚，常出现白色纤维素性渗出物

诊断要点

（1）**临床特征** 吃食减少，贫血，倒提病鸡可从其口腔中流出黑色或煤焦油样物质。

（2）**剖检病变** 整个消化系统呈暗褐色或暗黑色，腺胃和肌胃交接处出现变性、坏死。

预防措施

1）在每千克饲料中添加 10 毫克甲腈咪胍、西咪替丁治疗消化道溃疡极为有效。

2）使用鱼粉配制基础饲料喂鸡时，必须经常观察鸡群，一旦发生黑色呕吐病，应及时更换或减少鱼粉用量，以减少到 5% 以下为宜。

3）正确把握鱼粉使用量，雏鸡和育成鸡饲料中含量为 3% 左右；产蛋鸡含量为 2% 左右；肉用仔鸡前期含量 3%~4%，后期含量 2%~3%，如果超过 5% 则容易发生肌胃糜烂症。

4）采用酸碱对抗剂。由于肌胃糜烂症在酸性条件下发病率高，在中性或碱性条件下发病率低，可在饲料中或饮水中添加0.2%~0.4%小苏打溶液预防。

治疗方法

1）发病后应及时更换饲料，使用优质鱼粉，并调整鱼粉含量。
2）饮水中加入0.4%的碳酸氢钠，早晚各饮1次，连用3天。

六、异食癖

简介

异食癖是由于营养代谢机能紊乱、味觉异常和饲养管理不当等引起的一种非常复杂的多种疾病的综合征，常见的有啄羽癖、啄肛癖、啄蛋癖、啄趾癖、啄头癖等。本病在鸡场时有发生，往往难以制止，造成创伤，影响生长发育，甚至引起鸡的死亡，其危害性较大，应加以重视。鸡有异食癖的不一定都是营养物质缺乏与代谢紊乱，有的属于恶癖。

病因

1）饲料搭配不当：日粮单一，饲喂量不均或搭配不当，会导致微量元素和维生素缺乏而引起啄癖。若日粮中缺乏蛋白质、纤维素易引起啄肛癖；缺乏含硫氨基酸易导致啄羽癖、啄肛癖；钙含量不足或钙磷比例失调，会引起啄蛋癖。

2）饲养密度过大，通风不良，鸡群拥挤，缺乏运动，采食、饮水不足，易引起啄癖。

3）光照过强，鸡群兴奋而互啄；或产蛋鸡暴露在阳光下，不能安静产蛋，常在匆忙间产蛋后肛门外突，而招致其他鸡啄食。

4）皮肤有疥癣寄生虫病，刺激皮肤，先自行啄羽，有创伤后，其余的鸡一起啄创伤处。

5）育雏室闷热且密度大，或育雏室温度低，雏鸡拥挤易引起啄癖的发生。

临床症状

鸡异食癖临床上常见的有以下几种类型。

（1）啄羽癖 鸡在开始生长新羽毛或换小毛时易发生，产蛋鸡在盛产期和换羽期也可发生。先由个别鸡自食或相互啄食羽毛，被啄处出血。然后很快传播开，影响鸡群的生长发育或产蛋。

（2）啄肛癖 多发生在雏鸡和初产母鸡或蛋鸡的产蛋后期。雏鸡患白痢时，引起其他雏鸡啄食病鸡的肛门或泄殖腔，肛门被啄伤出血，严重时直肠被啄出，以鸡死亡告终。蛋鸡在产蛋初期或后期由于难产或腹部韧带和肛门括约肌松弛，产蛋后泄殖腔不能及时收缩回去而较长时间暴露在外，造成互相啄肛，易引起输卵管脱垂和泄殖腔炎。

（3）啄蛋癖 多见于产蛋旺盛的季节，最初是由蛋被踩破啄食引起的，以后母鸡产下蛋就争相啄食，或啄食自己产的蛋。

（4）啄趾癖 多发生于雏鸡，表现为啄食脚趾，造成脚趾流血，跛行，严重者脚趾被啄光。

孙卫东 摄

啄羽癖病鸡自食或互啄羽毛，被啄处出血

泄殖腔被啄处出血、坏死

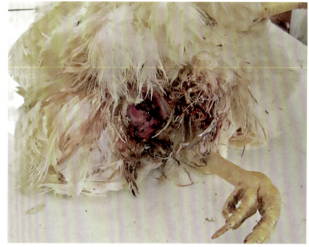

肛门处被啄烂、出血

诊断要点

临床特征：鸡群互相啄羽、啄肛、啄蛋、啄趾。

预防措施

1）断喙。

2）合理分群。按鸡的品种、年龄、公母、大小和强弱分群饲养，避免发生啄斗。

3）加强管理。鸡舍要通风良好，舍温保持18~25℃，相对湿度以50%~60%为宜。饲养密度以雏鸡20只/米^2，育成鸡7~8只/米^2，成年鸡5~6只/米^{2}为宜，设置足够的食槽和水槽。

4）光照不宜过强。利用自然光照时，可在鸡舍窗户上挂红色帘子或用深红色油漆涂刷窗户玻璃，使舍内仅产生一种暗红色的光。人工光照时的光照强度以3瓦/米^{2}为宜。

5）合理配制饲料。雏鸡料中的粗蛋白质含量应达到16%~19%，产蛋期不低于16%；饲料中的矿物质（如钙、磷）含量应占2%~3%。

6）有外部寄生虫时，鸡舍、地面、鸡体可用0.2%的溴氰菊酯进行喷洒，对皮肤疥螨病可用20%的硫黄软膏涂擦。

治疗方法

1）出现啄癖时，可在饲料中加0.1%~0.2%的蛋氨酸，连用3~4天；或在饲料中增加0.2%食盐，饲喂4~5天，并挑拣出有啄癖的鸡。

2）若为单纯啄羽，可用1%的人工盐饮水，连用3~5天。也可用硫酸亚铁和维生素B_{12}治疗，用量为：体重0.5千克以上的鸡，每只每次口服0.9毫克硫酸亚铁和2.5毫克维生素B_{12}；体重小于0.5千克的鸡，用药量酌减，每天2~3次，连用3~4天。

3）在鸡被啄的伤口处涂以有特殊气味的药物，如鱼石脂、松节油、碘酒、紫药水，使别的鸡不敢接近，利于伤口愈合。

七、食盐中毒

简介

食盐是鸡日粮中必需的营养物质，但食入过量会引起中毒，产生消化道炎症及神经系统损害。饮水不足可导致或加重食盐中毒的发生。

病因

食盐中毒是由于饲料中食盐添加量过大或大量饲喂含盐量高的鱼粉、饲料，同时饮水不足引起的。鸡对食盐的需要量占饲料的 0.25%~0.5%，以 0.37% 最为适宜。若采食过量，可引起中毒。多因配料鱼干或鱼粉含盐量过高，食槽清理不及时，底部食盐沉积过多引起，有时也见于食盐防治啄癖过程中。

临床症状

病鸡表现为燥渴而大量饮水和惊慌不安地尖叫。口鼻内有大量的黏液流出，嗉囊软肿，排水样稀粪。运动失调，时而转圈，时而倒地，步态不稳，呼吸困难，虚脱，抽搐，痉挛，昏睡而死亡。轻微中毒时，表现为口渴，饮水量增加，食欲减少，精神不振，粪便稀薄或稀水样，较少死亡。严重中毒时，病鸡精神沉郁，有强烈的口渴表现，拼命喝水，直到死亡前还在喝水；口鼻流出黏性分泌物；嗉囊胀大，粪便呈稀水样，肌肉震颤，两腿无力，行走困难或步态不稳，甚至完全瘫痪；有时还出现神经症状，惊厥，头颈弯曲，胸腹朝天，仰卧挣扎，呼吸困难，衰竭死亡。产蛋鸡中毒时，表现为产蛋量下降和停止。

病理变化

皮下组织水肿；口腔、嗉囊中充满黏性液体，黏膜脱落；食道、腺胃黏膜充血，出血，黏膜脱落或形成伪膜；小肠发生急性卡他性肠炎或出血性肠炎，黏膜红肿、出血；心包积液，血液黏稠，心脏出血；腹水增多，肺水肿；脑膜血管扩张充血，小脑出血；肾脏和输尿管有尿酸盐沉积。

孙卫东 摄

两腿无力，行走步态不稳

口腔中充满黏性液体

小脑出血

诊断要点

（1）临床特征　大量饮水和惊慌不安、嗉囊软肿、运动失调。

（2）剖检病变　皮下组织水肿，嗉囊中充满黏性液体，腺胃黏膜充血、出血，血液黏稠，肾脏和输尿管尿酸盐沉积。

预防措施

严格控制饲料中食盐添加量，添加的盐粒要细，并且要搅拌均匀，平时饲喂干鱼和鱼粉要测定其含盐量，保证给予充足饮水。若发现疑似食盐中毒时，应立即停止饲喂含盐量多的饲料，改换其他饲料，供给充足新鲜饮水或5%的葡萄糖溶液，也可在饮水中适当添加维生素C。

治疗方法

1)全群鸡每只嗉囊注射 5% 的葡萄糖溶液 10 毫升,以防虚脱。

2)残存的病雏鸡一周内采用 5% 的葡萄糖溶液加适量的维生素 C 及敌菌净让其自饮。

3)用葡萄糖酸钙,按雏鸡 0.2 毫升、成年鸡 1 毫升,1 次肌内注射。

4)以 0.1% 的高锰酸钾溶液为饮水,或以葡萄糖或白糖加维生素 C 配成 5% 的溶液,供病鸡饮用 1~2 天。

5)用 5% 的氯化钾注射液,按每千克体重 0.2 克 1 次分点皮下注射;或用鞣酸蛋白按每只 0.2~1 克 1 次灌服。

八、黄曲霉毒素中毒

简介

黄曲霉毒素中毒是鸡采食了被黄曲霉菌、毛霉菌、青霉菌侵染的饲料,尤其是被黄曲霉菌侵染后产生的黄曲霉毒素而引起的一种中毒病。黄曲霉毒素是黄曲霉菌的一种有毒的代谢产物,对鸡和人类都有很强的毒性。临床上以急性或慢性肝中毒、全身性出血、腹水、消化机能障碍和神经症状为特征。

病因

黄曲霉毒素中毒是常见的鸡采食发霉饲料的中毒病之一。玉米、花生、小麦、稻谷等粮食作物,如果在收获、加工和储藏过程中处理不当，由于受潮、受热而发霉变质，黄曲霉菌就会大量繁殖，产生黄曲霉毒素。黄曲霉毒素主要污染粮油及其制品，其中以花生和玉米最易受污染，一般热带及亚热带地区污染较重。食用被黄曲霉毒素污染的食物等可引起中毒。

临床症状

2~6周龄的雏鸡对黄曲霉毒素最敏感。病鸡主要表现为精神不振，食欲减退，嗜睡，生长发育缓慢，消瘦，贫血，体弱，鸡冠苍白，翅下垂，腹泻，粪便中混有血液，鸣叫，运动失调，甚至跛行，腿、脚部皮下可出现紫红色出血斑，死亡前常见有抽搐、角弓反张等神经症状，死亡率可达100%。青年鸡和成年鸡中毒后一般引起慢性中毒，表现为精神委顿，运动减少，食欲不佳，羽毛松乱，蛋鸡开产期推迟，产蛋量减少，蛋小，蛋的孵化率降低。中毒后期鸡有呼吸道症状，伸颈张口呼吸。

病理变化

急性中毒死亡的雏鸡可见肝脏肿大，色泽变浅，呈黄白色，表面有出血斑点，胆囊扩张，肾脏苍白稍肿大。胸部皮下和肌肉常见出血。成年鸡慢性中毒时，剖检可见肝脏变黄，逐渐硬化，体积缩小，常分布白色点状或结节状病灶，心包和腹腔中常有积液，小腿皮下也常有出血点。有的鸡腺胃肿大。剖检时，常见肠系膜、浆膜发黑。

诊断要点

（1）临床特征　腿、脚部皮下可出现紫红色出血斑、运动失调、贫血。
（2）剖检病变　肝脏表面有出血斑点、胸部皮下和肌肉出血、心包和腹腔积液。

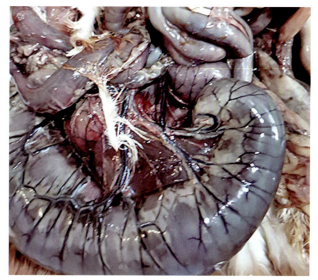
肠系膜、浆膜发黑

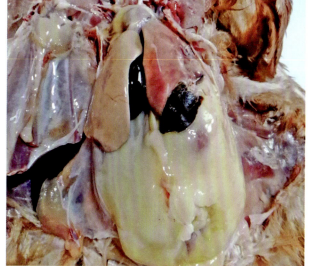
肝脏色泽变浅呈黄白色，有出血斑点

预防措施

　　本病尚无特效解毒药物，主要在于预防，包括不喂霉变饲料，特别是潮湿多雨的春季要注意防霉。如仓库被污染，可用福尔马林熏蒸法消毒。

治疗方法

　　清除料槽内残余饲料，并用 0.05% 的硫酸铜水溶液清洗料槽，更换饲料。在饲料中加入制霉菌素片，按每千克饲料 2 片添加，连用 5 天。饮水中加入美能净，连用 5 天。鸡舍内用 0.05% 的硫酸铜喷雾消毒，每天 1 次，连用 3 天。在饮水中添加 0.02%~0.05% 的维生素 C 和 1%~5% 的葡萄糖溶液，连用 7 天。

九、维生素 A 缺乏症

简介

维生素 A 缺乏症是由于鸡缺乏维生素 A 引起的以分泌上皮角质化和角膜、结膜、气管、食管黏膜角质化、干眼症、生长停滞等为特征的营养缺乏性疾病。

病因

日粮中缺乏维生素 A 或胡萝卜素（维生素 A 原）；饲料贮存、加工不当，导致维生素 A 缺乏；日粮中蛋白质和脂肪不足，导致鸡发生功能性维生素 A 缺乏症。此外，胃肠吸收障碍，发生腹泻或其他疾病，使维生素 A 消耗或损失过多；肝病使其不能利用及储存维生素 A。

临床症状

雏鸡和初开产的鸡症状表现为厌食，生长停滞，消瘦，嗜睡，衰弱，羽毛松乱，运动失调，瘫痪，不能站立。眼睑发炎或粘连，鼻孔和眼睛流出黏性分泌物，角膜浑浊不透明，严重者角膜软化或穿孔失明。成年鸡通常在 2~5 个月内出现症状，一般呈慢性经过。轻度缺乏维生素 A 的鸡，生长、产蛋、种蛋孵化率及抗病力受到一定影响，但往往不易被察觉。公鸡繁殖力下降，精液品质退化，受精率低。

病理变化

病死鸡口腔、咽喉和食道黏膜过度角化，有时从食道上端直至嗉囊入口有散在粟粒大白色结节或脓疱，或覆盖一层白色的豆腐渣样的薄膜。呼吸道黏膜被一层鳞状角化上皮代替，鼻腔内充满水样分泌物，液体流入鼻旁窦后导致一侧或两侧颜面肿胀，泪管阻塞或眼球受压，视神经损伤，严重病例角膜穿孔。肾脏呈灰白色，肾小管和输尿管充塞着白色尿酸盐沉积物，心包、肝脏和脾脏表面有明显的白色尿酸盐沉积。

诊断要点

（1）临床特征　运动失调、瘫痪、干眼症、生长停滞。

（2）剖检病变　口腔黏膜有白色小结节、呼吸道黏膜被一层鳞状角化上皮代替、脏器表面有尿酸盐沉积。

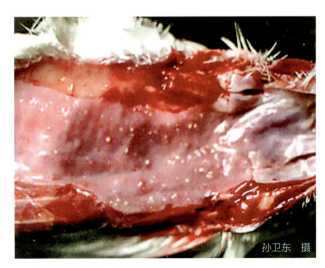

病鸡食道黏膜有散在粟粒大白色结节或脓疱

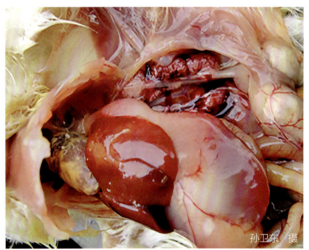

心包等内脏表面有明显的白色尿酸盐沉积

预防措施

1）在采食不到青绿饲料的情况下必须保证添加有足够的维生素 A 预混剂。

2）全价饲料中添加合成抗氧化剂，防止贮存期间维生素 A 氧化损失；防止饲料贮存过久，不要预先将脂溶性维生素 A 掺入到饲料或存放于油脂中。

3）改善饲料加工调制条件，尽可能缩短必要的加热调制时间。

治疗方法

1）可投喂鱼肝油，每只鸡每天喂 1~2 毫升，雏鸡则酌情减少。

2）对发病鸡所在的鸡群，在每千克饲料中拌入 2000~5000 国际单位的维生素 A，或在每千克配合饲料中添加精制鱼肝油 15 毫升，连用 10~15 天。

3）短期内给予大剂量的维生素 A，对急性病例疗效迅速而安全，但慢性病例不可能完全康复。由于维生素 A 不易从机体内迅速排出，因此，必须注意防止长期过量使用维生素 A 引起中毒。

⚠️ **注意**：注意饲料中维生素 A 的丢失。由于维生素 A 或胡萝卜素存在于油脂中而易于被氧化，故饲料放置时间过久或预先将脂式维生素 A 掺入到饲料中，维生素 A 都可能被氧化，导致变质，特别在大量不饱和脂肪酸存在的环境中更甚。胡萝卜素酶也能破坏胡萝卜素。

十、维生素 D 缺乏症

简介

维生素 D 的主要功能是诱导钙结合蛋白质的合成和调控肠道对钙的吸收以及血液对钙的转运。维生素 D 缺乏可降低雏鸡骨钙沉积而出现佝偻病、成年鸡骨钙流失而出现软骨病。维生素 D 缺乏症在临床上以骨骼、喙和蛋壳形成受阻为特征。

病因

在生产实践中要根据实际情况灵活掌握维生素 D 用量，如果日粮中有效磷少则维生素 D 需要量就多，钙和有效磷的比例以 2∶1 为宜；在鸡皮肤表面及食物中含有维生素 D 源，经紫外线照射转变为维生素 D，日光照射不足则会影响维生素 D 转变；消化吸收功能障碍等因素影响脂溶性维生素 D 的吸收；患有肾脏、肝脏疾病，维生素 D_3 羟化作用受到影响而易发病。

临床症状

（1）雏鸡　通常在 2~3 周龄时出现明显的症状，最早可在 10~11 日龄发病。病鸡生长发育受阻，羽毛生长不良，喙柔软易变形，跖骨易弯曲成弓形。腿部衰弱无力，行走时步态不稳，躯体向两边摇摆，站立困难，不稳定地行走几步后即以跗关节着地伏下。

（2）产蛋鸡　往往在缺乏维生素 D 2~3 个月后才开始出现症状。表现为产薄壳蛋和软壳蛋的数量显著增多，蛋壳强度下降、易碎。随后产蛋量明显减少。产蛋量和蛋壳的硬度下降一个时期之后，会有一个相对正常的时期，可能循环反复几个周期。有的产蛋鸡可能出现暂时性的不能走动，常在产

1个无壳蛋之后即能复原。病重母鸡表现出像"企鹅状"蹲伏的特殊姿势，以后鸡的喙、爪和龙骨逐渐变软，胸骨常弯曲。胸骨与脊椎骨接合部向内凹陷，产生肋骨沿胸廓呈内向弧形的特征。种蛋孵化率降低，胚胎多在孵化后10~17日龄死亡。

喙柔软易变形

跖骨弯曲成弓形

病理变化

（1）雏鸡　其特征性的病理变化是龙骨呈"S"状弯曲，肋骨与肋软骨、肋骨与椎骨连接处出现串珠状结节。在胫骨或股骨的骨骺部可见钙化不良。

（2）成年产蛋鸡或种鸡　尸体剖检所见的特征性病变局限于骨骼和甲状旁腺。骨骼软而容易折断。腿骨组织切片呈现缺钙和骨样组织增生现象。胫骨用硝酸银染色，可显示出胫骨的骨骺有未钙化区。

诊断要点

（1）临床特征　喙柔软易变形、跖骨弯曲成弓形、产薄壳蛋和软壳蛋。
（2）剖检病变　龙骨呈"S"状弯曲、骨连接处呈串珠状。

龙骨呈"S"状弯曲

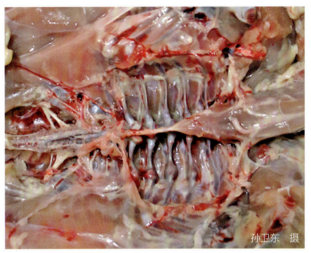

肋骨与肋软骨、肋骨与椎骨连接处出现串珠状结节

预防措施

改善饲养管理条件，补充维生素D；将病鸡置于光线充足、通风良好的鸡舍内；合理调配日粮，注意日粮中钙、磷比例，喂给含有充足维生素D的混合饲料。此外，还需加强饲养管理，尽可能让病鸡多晒太阳，笼养鸡还可在鸡舍内用紫外线进行照射。

治疗方法

首先应找出病因,针对病因采取有效措施。雏鸡佝偻病可一次性大剂量喂给维生素 D_3 1.5 万 ~2.0 万国际单位,或一次性肌内注射维生素 D_3 1 万国际单位,或滴服鱼肝油数滴,每天 3 次,或用维丁胶性钙注射液肌内注射 0.2 毫升,同时配合使用钙片,连用 7 天左右。发病鸡群除在其日粮中增加富含维生素 D 的饲料(如苜蓿等)外,还应在每千克饲料中添加鱼肝油 10~20 毫升。

⚠ **注意:** 要根据维生素 D 缺乏的程度补充适宜的剂量,以防止添加剂量过大而引起鸡维生素 D 中毒。

十一、维生素 B_1 缺乏症

简介

维生素 B_1 即硫胺素,是鸡体碳水化合物代谢必需的物质,其缺乏会导致碳水化合物代谢障碍和神经系统病变。维生素 B_1 缺乏症是以多发性神经炎为典型症状的营养缺乏性疾病。

病因

1)饲料中硫胺素含量不足。通常发生于配方失误,饲料被碱化、蒸煮处理等;饲料发霉或贮存时间太长也会造成维生素 B_1 分解。

2)饲料中含有蕨类植物、球虫抑制剂、抗生素等对维生素 B_1 有拮抗作用的物质,如氨丙啉、硝胺、磺胺类药物。

3）鱼粉品质差，硫胺素酶活性太高。大量鱼、虾和软体动物内脏所含硫胺素酶也可破坏硫胺素。

临床症状

病鸡少食或停食，腿无力、步态不稳。羽毛蓬松，呈蓝色鸡冠。继而发生多发性神经炎，肌肉痉挛或麻痹，首先是脚趾的屈肌麻痹，继而蔓延到腿、翅膀和颈部的伸肌，并发生痉挛。由于腿部麻痹，不能站立和行走，病鸡以跗关节和尾部着地，常将躯体坐在自己屈曲的双腿上，头后仰，呈特征性的"观星"姿势或角弓反张，严重时突然倒地，抽搐而死。

病鸡以跗关节和尾部着地

病鸡头后仰，以翅支撑

病鸡头后仰、脚趾离地

病鸡倒地、抽搐

病理变化

雏鸡的皮肤呈广泛水肿，其水肿的程度决定于肾上腺的肥大程度。雌鸡肾上腺肥大比雄鸡更明显。心脏轻度萎缩，右心可能扩大，肝脏呈浅黄色，胆囊肿大。十二指肠的肠腺高度扩张。胰腺外分泌细胞的胞质形成空泡。生殖器官萎缩，睾丸萎缩比卵巢更明显。

本病出现的"观星"等神经系统症状与鸡新城疫、禽传染性脑脊髓炎、维生素 E 缺乏症等出现的症状类似，注意鉴别诊断。

诊断要点

（1）临床特征　蓝色鸡冠、多发性神经炎、呈"观星"姿势。

（2）剖检病变　皮肤呈广泛水肿、肝脏呈浅黄色。

预防措施

饲养标准规定每千克饲料中维生素 B_1 含量为：肉用仔鸡和 0~6 周龄的育成蛋鸡 1.8 毫克，7~20 周龄鸡 1.3 毫克，产蛋鸡和母鸡 0.8 毫克。按标准饲料搭配和合理调制，就可以预防维生素 B_1 缺乏症。注意日粮配合，添加富含维生素 B_1 的糠麸、青绿饲料或直接添加维生素 B_1。对种鸡要监测血液中丙酮酸的含量，以免影响种蛋的孵化率。某些药物（抗生素、磺胺类药物、球虫药等）是维生素 B_1 的拮抗剂，不宜长期使用，若用药应加大维生素 B_1 的用量。天气炎热时，维生素 B_1 需求量高，注意额外补充。

治疗方法

1）发病后用硫胺素，每千克饲料加 10~20 毫克，连用 1~2 周，严重的鸡肌内注射。

2）口服维生素 B_1，雏鸡每只每次 1 毫克，成年鸡每只每次 5 毫克，每天 1~2 次，连用 5 天。同时提高饲料中多种维生素和麸皮比例。

3）小群饲养时可个别强喂或注射硫胺素，每只内服量为每千克体重 2.5 毫克，肌内注射量为每千克体重 0.1~0.2 毫克，以迅速补充硫胺素的缺乏。

十二、维生素 B_2 缺乏症

简介

维生素 B_2 也称核黄素，是动物体内十多种酶的辅基，与动物生长和组织修复有密切关系。鸡体内合成核黄素很少，必须由饲料供应，若不注意添加核黄素，极易发生以趾爪向内蜷曲、两腿发生瘫痪

为特征的维生素 B_2 缺乏症。

病因

常用的禾谷类饲料中维生素 B_2 特别贫乏，每千克不足 2 毫克。所以，肠道比较缺乏微生物的鸡，又以禾谷类饲料为食，若不注意添加维生素 B_2，易发生维生素 B_2 缺乏症。维生素 B_2 易被紫外线、碱及重金属破坏；饲喂高脂肪、低蛋白质日粮时需要量增加；种鸡比非种用蛋鸡的需要量需提高 1 倍；低温时供给量应增加；患有胃肠病时，影响维生素 B_2 转化和吸收。这些因素都可能引起维生素 B_2 缺乏症。

临床症状

（1）雏鸡　雏鸡最为明显的外部症状是卷爪麻痹症状，趾爪向内蜷缩呈"握拳状"。两肢瘫痪，行走困难；眼睛发生结膜炎和角膜炎；生长减慢、消瘦、贫血、衰弱；背部羽毛脱落。

（2）育成鸡　发病后期，腿叉开而卧，瘫痪。母鸡的产蛋量下降，蛋清稀薄，蛋的孵化率降低。种鸡日粮中维生素 B_2 的含量低，其所产的蛋和孵出的雏鸡的维生素 B_2 含量也低。维生素 B_2 是胚胎正常发育和孵化所必需的物质，孵化蛋内的维生素 B_2 用完，鸡胚就会死亡。死胚呈现皮肤结节状绒毛，颈部弯曲，躯体短小，关节变形，水肿、贫血和肾脏变性等病理变化。

趾爪向内蜷曲，瘫痪、行走困难

病理变化

病死雏鸡胃肠道黏膜萎缩，肠壁薄，肠内充满泡沫状内容物。有些病例出现胸腺充血和成熟前期萎缩。病死成年鸡的坐骨神经和臂神经显著肿大和变软，尤其是坐骨神经的变化更为显著，其直径比正常大4~5倍。病死的产蛋鸡皆出现肝脏增大和脂肪量增多。

诊断要点

（1）**临床特征** 趾爪向内蜷缩、育成鸡腿叉开而卧、死胚呈现皮肤结节状绒毛。

（2）**剖检病变** 肠道黏膜萎缩，肠壁薄，肠内充满泡沫状内容物；成年鸡的坐骨神经和臂神经显著肿大和变软。

预防措施

1）饲料中添加蚕蛹粉、干燥肝脏粉、酵母、谷类和青绿饲料等富含维生素 B_2 的原料。

2）雏鸡一开食就饲喂标准配合日粮，或在每千克饲料中添加维生素 B_2 2~3 毫克，可以预防本病。

治疗方法

一般缺乏症可不治自愈。对确定维生素 B_2 缺乏造成的坐骨神经炎，在每千克日粮中加入 10~20 毫克的维生素 B_2。

病情较重的，可内服维生素 B_2，雏鸡每天每只内服 2 毫克，成年鸡每天每只内服 5~6 毫克，连用 7 天可收到很好的治疗效果。然而，对趾爪已蜷曲、坐骨神经已损伤的病鸡，治疗无效，病理变化难于恢复。因此，对此病早期防治是非常必要的。

十三、呕吐毒素中毒

简介

本病是由饲料、饲料原料中呕吐毒素超标而引起的一种中毒病。该毒素会对鸡产生消化系统损伤、细胞毒性、免疫毒性、神经毒性以及"三致"（致突变、致畸和致癌）等作用，其危害在很多鸡场是隐形的，对鸡场的经济效益影响很大。

病原与流行特点

呕吐毒素又名脱氧雪腐镰刀菌烯醇，是镰刀菌属真菌生长时产生的一种真菌毒素，属于单端孢霉烯族B族化合物。呕吐毒素化学性质稳定，熔点为151~153℃，一般不会在加工、储存以及烹调过程中被破坏。呕吐毒素广泛存在于小麦、大麦、玉米等农作物中，饲料以及原料中有很高的检出率。

临床症状

病鸡口腔和皮肤损伤、采食量下降，生长缓慢；喙、爪、皮下脂肪着色差，出现腿弱、跛行，死淘率明显增高；粪便多呈黑糊状，泄殖腔周围的羽毛沾有粪便。有的病例可见粪便中未消化的饲料颗粒（过料）；重症鸡粪便中会有大量脱落的肠黏膜。病程较长的鸡羽毛生长不良。蛋鸡产蛋量迅速下降，产"雀斑"蛋、薄壳蛋；种鸡受精率下降、孵出率下降、出壳健雏率下降。

病鸡排出的粪便中含有未消化的饲料

病鸡产的"雀斑"蛋

病理变化

口腔黏膜溃烂,或形成黄色结痂。腺胃严重肿大呈椭圆形或梭形,腺胃壁增厚,乳头出血、透明、肿胀;肌胃内容物呈黑色,肌胃角质层糜烂、溃疡;肾脏肿大,尿酸盐沉积。青年鸡胸腺萎缩或消失。蛋鸡的卵巢和输卵管萎缩。

肌胃内容物呈黑色

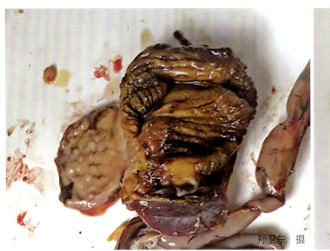

肌胃角质层糜烂、溃疡

诊断要点

（1）临床特征　口腔和皮肤损伤、跛行。
（2）剖检病变　口腔黏膜溃烂、肌胃角质层糜烂。

预防措施

霉菌毒素没有免疫原性，并不能通过低剂量霉菌毒素的长时间饲喂而使鸡产生抵抗力，反而会不断蓄积，最终暴发。虽然鸡对该毒素相对不敏感，但霉菌毒素间具有毒性互作效应，会对鸡产生较大的损害。所以从原料生产、运输、存储，及饲料生产、使用等每一个环节都应加以预防和控制。

治疗方法

当有鸡出现中毒时,应立即停喂含毒物的饲料,改换新配饲料。新配饲料可根据实际情况,做如下处理:

1)使用霉菌毒素吸附剂或吸收剂,如活性炭、蒙脱石、植物纤维、甘露寡糖等。

2)有效使用防霉剂,丙酸或丙酸盐、山梨酸或山梨酸钠(钾)、苯甲酸或苯甲酸钠、富马酸或富马酸二甲酯等。

3)有效使用抗氧化剂,如维生素 E、维生素 C、硒、类胡萝卜素、L-肉碱、褪黑激素,或合成的抗氧化剂等。

附 录

附录 A 临床症状相似疾病的鉴别诊断

一、引起鸡冠、肉髯及面部肿胀的疾病的鉴别诊断

引起鸡冠、肉髯及面部肿胀的疾病的鉴别诊断见附表 A-1。

附表 A-1 引起鸡冠、肉髯及面部肿胀的疾病的鉴别诊断

病名	病原与病因	冠、肉髯及面部变化	鉴别点	易感日龄
禽霍乱	多杀性巴氏杆菌	冠、肉髯肿胀发紫	病鸡排绿色稀粪，突然死亡且多见于肥胖的鸡；剖检可见心冠脂肪出血，肝脏出血、点状坏死，十二指肠弥漫性出血；慢性可见关节肿大、变形	不分日龄
禽流感	禽流感病毒	冠、肉髯肿胀，呈紫红色；眼眶周围水肿	冠有坏死灶；腿部鳞片出血，全身浆膜、黏膜及内脏器官广泛出血，鼻孔常流出白色分泌物	不分日龄
鸡痘	鸡痘病毒	皮肤、冠、肉髯、喙角、眼、趾爪有痘痂	皮肤型可见全身多处皮肤出现痘疹、痘痂；白喉型可见口腔及喉气管黏膜上有痘斑并相互融合，形成突出于黏膜的黄白色干酪样的伪膜	雏鸡和青年鸡
传染性鼻炎	副鸡嗜血杆菌	单侧或双侧眼肿，眶下窦及颜面部肿胀，肉髯发绀	从鼻孔流出黏液性甚至脓性分泌物，鼻腔和眶下窦黏膜充血肿胀，腔内蓄积大量脓性分泌物或干酪样物	8~12 周龄
败血支原体病	败血性支原体	颜面、眼睑、眶下窦肿胀，流泪，流鼻液	鼻腔、鼻后孔及眶下窦可蓄积大量黏液；气囊浑浊并积有泡沫样液体或干酪样物，初期的干酪样物多呈白色豆渣样，中期呈黄白色，后期呈黄色似煎鸡蛋样物	4~8 周龄雏鸡

（续）

病名	病原与病因	冠、肉髯及面部变化	鉴别点	易感日龄
大肠杆菌病	禽致病性大肠杆菌（APEC）	肿眼、流泪、眼内有脓性分泌物甚至把眼全部糊住	可引起多种类型的病症，如全眼球炎、脐炎、急性败血症、气囊炎、滑膜炎、卵巢炎、输卵管炎、肉芽肿等	不分日龄
维生素A缺乏症	维生素A缺乏	眼及面部肿胀、流泪、流鼻液	眼睑肿胀，角膜软化或穿孔，眼球凹陷、失明。口腔、咽、食道黏膜有白色米粒状结节	雏鸡和育成鸡

二、引起皮肤出血、坏死等病变的疾病的鉴别诊断

引起皮肤出血、坏死等病变的疾病的鉴别诊断见附表A-2。

附表A-2　引起皮肤出血、坏死等病变的疾病的鉴别诊断

病名	病原与病因	皮肤变化	鉴别点	易感日龄
大肠杆菌病	禽致病性大肠杆菌（APEC）	脐炎、皮肤炎	雏鸡发生脐炎；青年鸡发生皮肤炎，皮肤坏死、溃疡、有的形成紫色结痂；涂片镜检可见革兰氏阴性小杆菌	中雏鸡及青年鸡
葡萄球菌病	金黄色葡萄球菌	脐炎	雏鸡出现脐炎；1~2月龄多发；胸、腹部、大腿内侧皮肤出血、水肿、溃疡，呈胶冻状	不分日龄
鸡痘（皮肤性）	鸡痘病毒	有时痘疹表面形成痂壳	无毛部皮肤、肛门周围、翅膀内侧也可见痘疹，破溃后形成痂皮	雏鸡和青年鸡
马立克氏病（皮肤型）	禽疱疹病毒Ⅱ型	颈、背及腿部皮肤毛囊呈季节性肿胀	颈、背部及腿部皮肤以毛囊为中心形成小结节或瘤状物，有时有鳞片状棕色硬痂	2~5月龄
锌缺乏症	锌缺乏	皮炎	爪和腿部表皮角质层角化严重，爪底易开裂成深缝，甚至趾部发生坏死性皮炎	雏鸡
烟酸缺乏症	烟酸缺乏	皮炎	两腿皮肤鳞片状皮炎，黑舌症及口腔、食道发炎	不分日龄

（续）

病名	病原与病因	皮肤变化	鉴别点	易感日龄
维生素H缺乏症	维生素H缺乏	皮炎	先从趾部出现皮炎，以后口腔或眼周围出现炎症；肉鸡肝脏、肾脏肿大，脂肪肝	不分日龄
泛酸缺乏症	泛酸缺乏	皮炎	皮炎先从口角、眼边、腿部发生，严重时波及爪底部	雏鸡

三、引起呼吸困难的疾病的鉴别诊断

引起呼吸困难的疾病的鉴别诊断见附表A-3。

附表A-3 引起呼吸困难的疾病的鉴别诊断

病名	病原与病因	呼吸困难变化	鉴别点	易感日龄
新城疫	新城疫病毒	咳嗽、伸颈、甩头气喘，可听到清脆的特殊性喘鸣声	呼吸道症状、神经症状、产蛋下降；喉头、气管有黏液，气管黏膜肥厚；肺、脑有出血	不分日龄
传染性鼻炎	副鸡嗜血杆菌	甩鼻、打喷嚏、呼吸困难	发病率高，死亡率低；鼻炎症状明显，表现为流鼻涕，鼻孔周围黏附饲料；眶下窦肿胀	8~12周龄
鸡痘（白喉型）	鸡痘病毒	张口、伸颈气喘，表现明显的呼吸困难	在口腔和咽喉黏膜上有白色痘痂，凸出于黏膜且相互融合，形成黄白色干酪样伪膜；呼吸及吞咽困难；多窒息死亡	雏鸡和青年鸡
败血支原体病	败血支原体	张口、伸颈呼吸，常听到"呼噜呼噜"的声音	呼吸有啰音；眼内有泡沫样液体；鼻腔和眶下及腭裂蓄积大量的黏液或干酪样物；气囊增厚、浑浊、积有泡沫样或干酪样物	不分日龄
传染性支气管炎	传染性支气管炎病毒（AIBV）	咳嗽、气喘、打喷嚏	有呼吸喘鸣声，喉头、气管黏液增多，气管有出血；有时可出现肾型传染性支气管炎或腺胃型传染性支气管炎	3~6周龄

（续）

病名	病原与病因	呼吸困难变化	鉴别点	易感日龄
传染性喉气管炎	传染性喉气管炎病毒属、疱疹病毒Ⅰ型	张口、伸颈、甩头、气喘，可听到明显的喘鸣声	头、冠、肉髯、面部、眼周围、下颌水肿呈胶冻状，有时形成干酪样物	成年鸡

四、引起神经症状的疾病的鉴别诊断

引起神经症状的疾病的鉴别诊断见附表 A-4。

附表 A-4　引起神经症状的疾病的鉴别诊断

病名	病原与病因	神经症状变化	鉴别点	易感日龄
新城疫	新城疫病毒	病后期出现拧头扭颈、仰头呈观星状，甚至表现共济失调或转圈运动	有呼吸道症状；心冠脂肪点状出血；腺胃乳头出血；肠道多处淋巴滤泡肿胀、出血，甚至溃疡	不分日龄
禽传染性脑脊髓炎	禽传染性脑脊髓炎病毒	头颈震颤、运动失调，走路前后摇摆、步态不稳或以跗关节和翅膀支撑前行	头颈部震颤，尤其是病鸡受到惊吓或倒地时震颤更加明显；脑水肿、充血；肌胃肌层内有细小的灰白色病变区	3周内雏鸡
马立克氏病	禽疱疹病毒Ⅱ型	轻者运动失调，步态异常，重者瘫痪，呈"劈叉"病症	特征性"劈叉"姿势；腰间神经、坐骨神经呈单侧性或双侧性肿大，呈现灰白色或黄白色	16周龄以内
大肠杆菌病	禽致病性大肠杆菌（APEC）	低头呈昏睡状，有的2周龄内雏鸡呈现歪头、拧脖、共济失调、抽搐等症状	因病雏有大肠杆菌性脑炎，故可见两肢麻痹、肌肉痉挛和震颤、共济失调，有的出现转圈运动	中雏鸡及青年鸡
维生素E缺乏症	维生素E缺乏	头颈弯曲挛缩，无方向性，有时出现角弓反张，两腿痉挛抽搐，步态不稳或瘫痪	脑充血、水肿并有散在出血点，小脑最为明显；大脑后半球有液化灶，脑实质严重软化；肌肉苍白，多见于生长期的雏鸡	不分日龄
维生素B_1缺乏症	维生素B_1缺乏	伸腿痉挛、抽搐，运动失调、角弓反张，常呈现典型的"观星"姿势	有特殊的"观星"症状；剖检可见胃、肠道萎缩、右心扩张、松弛；雏鸡多为突发，成年鸡发病缓慢	不分日龄

（续）

病名	病原与病因	神经症状变化	鉴别点	易感日龄
维生素B_6缺乏症	维生素B_6缺乏	雏鸡异常兴奋，运动失调或腿软，翅下垂，胸着地，痉挛	长骨短粗；眼睑水肿；肌胃糜烂；产蛋鸡卵巢、输卵管萎缩，肉髯变小	不分日龄
叶酸缺乏症	叶酸缺乏	颈部肌肉麻痹，抬头向前平伸，喙着地	"软颈"症状与肉毒素中毒症状相似，但病鸡精神尚好；锰缺乏症表现为胫骨短粗，可见滑腱症，而本病无此现象	不分日龄
食盐中毒	食盐中毒	高度兴奋、奔跑，重者倒地仰卧、抽搐	燥渴、严重腹泻；剖检脑膜充血、出血	不分日龄

五、引起关节肿胀、腿骨发育异常等运动障碍的疾病的鉴别诊断

引起关节肿胀、腿骨发育异常等运动障碍的疾病的鉴别诊断见附表A-5。

附表A-5　引起关节肿胀、腿骨发育异常等运动障碍的疾病的鉴别诊断

病名	病原与病因	关节肿胀、腿骨发育异常	鉴别点	易感日龄
大肠杆菌病（滑膜炎型）	禽致病性大肠杆菌（APEC）	关节肿胀、跛行、触诊有波动感	切开关节，其腔内含有灰白色的浑浊液体，严重者关节腔内有干酪样物。涂片镜检可见两端钝圆的革兰氏阴性直杆菌	中雏鸡及青年鸡
葡萄球菌病	金黄色葡萄球菌	关节炎型多发，常见于跗关节、趾关节肿胀，患肢跛行，病鸡喜卧	肿胀关节呈紫红色或紫黑色，逐渐化脓、有的形成趾瘤，切开关节后流出黄色脓汁	不分日龄
鸡病毒性关节炎	禽呼肠孤病毒（ARV）	跗关节及后上侧腓肠肌肌腱和腱鞘肿胀，表现为跛行、站立困难，步态不稳	多为双侧性跗关节及后上侧腓肠肌肌腱肿胀，关节腔内积液呈草黄色或浅红色，有时腓肠肌肌腱断裂、出血，外观病变部位呈青紫色	4~7周龄
鸡痛风（关节型）	尿酸盐过多	四肢关节肿胀，有的趾关节肿胀，走路不稳，跛行，严重者不能站立	关节囊内有浅黄白色或白色石灰样尿酸盐沉积	肉用仔鸡和笼养鸡

（续）

病名	病原与病因	关节肿胀、腿骨发育异常	鉴别点	易感日龄
维生素B_2缺乏症	维生素B_2缺乏	跗关节、趾关节肿胀，趾爪向内卷曲或呈握拳状，即"卷爪"不能站立，行走困难	两侧坐骨神经和臂神经显著肿大、变软，为正常的4~5倍；胃肠道黏膜萎缩，肠内有泡沫样内容物	雏鸡和育成鸡
维生素B_6缺乏症	维生素B_6缺乏	长骨短粗，严重跛行	雏鸡表现异常兴奋，盲目奔跑，运动失调，一侧或两侧中趾等关节向内变曲；重症腿软，常以胸部着地，伸屈脖子，剧烈痉挛；有时可见肌肉糜烂	不分日龄
维生素B_{11}缺乏症	维生素B_{11}缺乏	胫骨短粗，偶尔会有滑腱症	有头颈麻痹症状，抬头向前伸直且下垂，喙着地；雏鸡喙上下交错	雏鸡
胆碱缺乏症	胆碱缺乏	跗关节轻度肿大，周围点状出血；长骨粗短，出现滑腱症	雏鸡、成年鸡可见滑腱症，肝脂肪含量高，成年鸡主要表现为脂肪在肝内过度沉积	不分日龄

六、引起腹泻的疾病的鉴别诊断

引起腹泻的疾病的鉴别诊断见附表 A-6。

附表 A-6　引起腹泻的疾病的鉴别诊断

病名	病原与病因	腹泻症状	鉴别点	易感日龄
新城疫	新城疫病毒	绿色稀粪	呼吸困难，有拧头扭颈等神经症状；喉头、气管有大量黏液，消化道黏膜肿胀、出血、溃疡	不分日龄
传染性法氏囊病	传染性法氏囊病病毒	白色水样稀粪	死亡率高；法氏囊肿胀、出血；肌肉出血；肾脏肿大，双侧输尿管内有大量白色物质，时常看到"花斑肾"	3~6周龄
大肠杆菌（急性败血型）	禽致病性大肠杆菌（APEC）	灰白色或黄绿色稀粪	急性败血型主要表现为肝脏、脾脏、肾脏均有不同程度的肿胀，肺脏瘀血、出血、水肿，随着病情的发展还可出现纤维素性心包炎、肝周炎、气囊炎等，肝脏可能出现点状坏死	中雏鸡及青年鸡

（续）

病名	病原与病因	腹泻症状	鉴别点	易感日龄
鸡组织滴虫病	火鸡组织滴虫	粪便呈浅黄色或浅绿色	病鸡头部皮下呈黑紫色；盲肠出血、坏死，其内容物切面呈同心圆状、中心有凝血块的凝固物；肝脏肿大并出现似"火山口"样的坏死灶	2~6周龄
球虫病	艾美耳球虫	排血便	急性经过，死亡率高；盲肠和大肠有出血性、坏死性炎症，肠壁有红色和白色针尖状结节	雏鸡、育成鸡
鸡住白细胞原虫病	住白细胞原虫	白色水样或绿色稀粪	鸡冠苍白，眼周围呈绿色，口腔流出浅绿色液体，严重时含血；全身皮下、肌肉、肺、肾脏、心脏、脾脏、胰、腺胃、肌胃、肠黏膜及子宫黏膜上有出血点，并见有灰白色小结节	不分日龄
鸡白痢	鸡白痢沙门菌	排白色稀粪，干后结成石灰样硬块	急性多见于2周龄左右的雏鸡，脐带红肿，卵黄吸收不全；慢性可见肝脏、脾脏、肺、心脏有灰白色坏死点，有时一侧盲肠膨大，有干酪样物阻塞	不分日龄
禽伤寒	鸡伤寒沙门菌	排黄白色或黄绿色稀粪	肝脏、脾脏肿胀至正常的2~4倍，肝脏常呈青铜色并出现黄白色的坏死灶；卵泡充血、出血、变性甚至破裂	育成鸡

七、免疫抑制性疾病的鉴别诊断

免疫抑制性疾病的鉴别诊断见附表 A-7。

附表 A-7 免疫抑制性疾病的鉴别诊断

病名	病原与病因	免疫抑制	鉴别点	易感日龄
马立克氏病	禽疱疹病毒Ⅱ型	有	特征性"劈叉"姿势；腰间神经、坐骨神经呈单侧性或双侧性肿大，呈现灰白色或黄白色；颈、背部及腿部皮肤以毛囊为中心形成小结节性或瘤状物，有时有鳞片状棕色硬痂	16周龄以内

（续）

病名	病原与病因	免疫抑制	鉴别点	易感日龄
鸡白血病	禽白血病病毒	有	主要是淋巴细胞性白血病，其次是成红细胞性白血病、成髓细胞性白血病。此外还可引起骨髓细胞瘤、结缔组织瘤、上皮肿瘤、内皮肿瘤等。大多数肿瘤侵害造血系统，少数侵害其他组织	16周龄以上
鸡传染性贫血病	鸡传染性贫血病病毒（CIAV）	有	鸡再生障碍性贫血；全身淋巴组织萎缩；皮下和肌肉出血	2~4周龄
网状内皮组织增生症	网状内皮组织增生症病毒（REV）	有	贫血、消瘦、生长缓慢；肝脏、心脏、肠道和其他组织器官有淋巴瘤；胸腺和法氏囊萎缩；还可能出现腺胃肿胀即腺胃炎	不分日龄
传染性法氏囊病	传染性法氏囊病病毒	有	死亡率高；法氏囊肿胀、出血；胸肌和腿肌出血；常见"花斑肾"	3~6周龄

附录B 鸡场常用驱虫药、抗菌药、疫苗速查表

一、鸡场常用驱虫药速查表

鸡场常用驱虫药速查表见附表B-1。

附表B-1 鸡场常用驱虫药速查表

药物名称	用法	剂量（治疗）	防治对象
噻苯达唑	混饲，连用1~2周	按0.1%的浓度混饲	蛔虫病，毛圆线虫病
氯硝柳胺	均匀混饲，一次服用	每千克体重50~60毫克	绦虫病

(续)

药物名称	用法	剂量（治疗）	防治对象
吡喹酮	均匀混饲，一次服用	每千克体重 10~20 毫克	绦虫病
阿苯达唑	均匀混饲，一次服用	每千克体重 10~20 毫克	绦虫病
莫能菌素	均匀混饲，连用 3 天	0.009%~0.011% 的浓度混饲	球虫病
盐霉素	均匀混饲，连用 3 天	0.006%~0.007% 的浓度混饲	球虫病
马杜拉霉素	均匀混饲或饮水	0.0005% 的浓度混饲或混饮	球虫病
氨丙啉	均匀混饲或饮水，连用 3~5 天	0.0125%~0.025% 的浓度混饲或混饮	球虫病
尼卡巴嗪	均匀拌料，连用 3 天	0.0125% 的浓度混饲	球虫病
常山酮	均匀混饲，连用 3 天	0.0003% 的浓度混饲	球虫病
地克珠利	均匀混饲或饮水，连用 5 天	0.00005%~0.0001% 的浓度混饲或混饮	球虫病
托曲珠利	均匀混饲或饮水，连用 3 天	0.00125%~0.0025% 的浓度混饲或混饮	球虫病
磺胺喹噁啉	均匀混饲或饮水，连用 5 天	0.05%~0.1% 的浓度混饲或 0.02%~0.05% 的浓度混饮	球虫病
2.5% 的溴氰菊酯	喷洒或药浴	配成 0.003%~0.005% 的浓度	虱、螨虫
25% 的戊酸氰醚酯	喷洒或药浴	用水稀释成 1∶4000 的浓度向鸡体喷洒或稀释成 1∶8000 的浓度对鸡进行药浴	虱、螨虫
1% 的伊维菌素	皮下注射	每千克体重 0.1~0.2 毫克	虱、螨虫

二、鸡场常用抗菌药速查表

鸡场常用抗菌药速查表见附表 B-2。

附表 B-2　鸡场常用抗菌药速查表

药物名称	用法	剂量	应用范围（主治）
林可霉素（洁霉素）	口服	每千克体重 20~50 毫克，1 次/天	慢性呼吸道病、葡萄球菌病、坏死性肠炎、促进肉鸡生长
磺胺二甲嘧啶	口服	每千克体重 140~200 毫克，1~2 次/天，首次量加倍	禽霍乱、鸡白痢、禽伤寒、禽副伤寒、大肠杆菌病、传染性鼻炎、李氏杆菌病、链球菌病、球虫病
磺胺嘧啶	口服	每千克体重 140~200 毫克，1~2 次/天，首次量加倍	禽霍乱、鸡白痢、禽伤寒、禽副伤寒、大肠杆菌病、李氏杆菌病、卡氏住白细胞原虫病
	混饲	0.2%~0.4%，连用 3~4 天	
磺胺喹噁啉	肌内注射	每千克体重 0.01~0.15 克，2 次/天，首次量加倍	禽霍乱、鸡白痢、禽伤寒、禽副伤寒、大肠杆菌病、卡氏住白细胞原虫病
	口服	每千克体重 0.01~0.15 克，2 次/天，首次量加倍	
	混料	每千克饲料加 120 毫克	
甲氧苄啶	混饮	按 0.01%~0.02% 的浓度混饮	葡萄球菌病、链球菌病、大肠杆菌病、鸡白痢、禽伤寒、禽副伤寒、坏死性肠炎
	混饲	按 0.02%~0.04% 的浓度混饲	
硫酸安普霉素	混饮	按 0.025%~0.05% 的浓度，连用 5 天	大肠杆菌病、沙门菌病及部分支原体感染
亚甲基水杨酸杆菌肽	混饮	每升水中加入 20~40 毫克，连用 5~7 天	慢性呼吸道病，还可用于提高产蛋率
甲磺酸达氟沙星	混饮	按 0.005%~0.01% 的浓度，1 次/天，连用 3 天	细菌性疾病和支原体感染
盐酸二氟沙星	口服	每千克体重 5~10 毫克，2 次/天，连用 3~5 天	细菌性疾病和支原体感染
	混饮	按 0.005%~0.01% 的浓度	
恩诺沙星	混饮	按 0.005%~0.01% 的浓度，连用 3~5 天	细菌性疾病和支原体感染

（续）

药物名称	用法	剂量	应用范围（主治）
磺胺脒	口服	每千克体重 100~200 毫克，2 次/天	鸡白痢、禽伤寒、禽副伤寒及其他细菌性肠炎、球虫病
	混饲	每千克饲料加 500~1000 毫克	
硫氰酸红霉素	混饮	按 0.005%~0.02% 的浓度，连用 3~5 天	革兰阳性菌及支原体感染
氟苯尼考	口服	每千克体重 20~30 毫克，连用 3~5 天	敏感菌所致细菌性感染，鸡附红细胞体病
乙酰甲喹	口服	每千克体重 5~10 毫克，2 次/天，连用 3 天	革兰阴性菌引起的急性肠道感染及呼吸道感染
吉他霉素	混饲	每吨饲料 5.5~11 克，连用 5~7 天（防治疾病）	革兰阳性菌及支原体感染；促生长
酒石酸吉他霉素	混饮	按 0.02%~0.05% 的浓度，连用 3~5 天	革兰阳性菌及支原体感染；促生长
硫酸新霉素	混饮	按 0.01%~0.02% 的浓度，连用 3~5 天	革兰阴性菌所致肠道感染
	混饲	按 0.02%~0.03% 的浓度，连用 3~5 天	
盐酸土霉素	混饮	按 0.02%~0.05% 的浓度，连用 7~14 天	鸡霍乱、鸡白痢、细菌性肠炎、球虫病、禽伤寒、鸡附红细胞体病
	混饲	按 0.1%~0.2% 的浓度混饲	
盐酸沙拉沙星	混饮	按 0.005%~0.01% 的浓度，连用 3~5 天	细菌及支原体感染
延胡索酸泰妙菌素	混饮	按 0.0125%~0.025% 的浓度，连用 3 天	慢性呼吸道病
酒石酸泰乐菌素	混饮	按 0.005%~0.01% 的浓度，连用 3~5 天	革兰阳性菌及支原体感染
青霉素 G	肌内注射	雏鸡 2000~5000 国际单位/只，成年鸡 50000~100000 国际单位/只，2 次/天	葡萄球菌、链球菌病、坏死性肠炎、禽霍乱、李氏杆菌病、丹毒病及各种并发或继发感染
链霉素	肌内注射	雏鸡 5000 国际单位/只，成年鸡 50000~100000 国际单位/只，2 次/天	禽霍乱、传染性鼻炎、鸡白痢、禽伤寒、禽副伤寒、大肠杆菌病、溃疡性肠炎、慢性呼吸道病、弧菌性肝炎

（续）

药物名称	用法	剂量	应用范围（主治）
庆大霉素	肌内注射	每千克体重 5000~10000 国际单位，1 次/天	大肠杆菌病、鸡白痢、禽伤寒、禽副伤寒、葡萄球菌病、慢性呼吸道病、绿脓杆菌病
卡那霉素	肌内注射	每千克体重 5~10 毫克，2 次/天	大肠杆菌病、鸡白痢、禽伤寒、禽副伤寒、禽霍乱、坏死性肠炎、慢性呼吸道病
	混饲	每千克饲料 150~250 毫克	
	混饮	每升水 100~200 毫克	
新霉素	混饲	按 0.02%~0.03% 的浓度混饲	大肠杆菌病、鸡白痢、禽伤寒、禽副伤寒、肠杆菌科细菌引起的呼吸道感染
四环素	肌内注射	每千克体重 10~25 毫克，2 次/天	鸡白痢、禽伤寒、禽副伤寒、禽霍乱、鸡传染性鼻炎、传染性滑膜炎、慢性呼吸道病、葡萄球菌病、链球菌病、大肠杆菌病、李氏杆菌病、溃疡性肠炎、坏疽性皮炎、鸡附红细胞体病
	混饲	按 0.05%~0.1% 的浓度混饲	
多西环素	肌内注射	每千克体重 20 毫克，1 次/天	鸡白痢、禽伤寒、禽副伤寒、禽霍乱、鸡传染性鼻炎、传染性滑膜炎、慢性呼吸道病、葡萄球菌病、链球菌病、大肠杆菌病、李氏杆菌病、溃疡性肠炎、坏疽性皮炎、鸡附红细胞体病
	混饲	按 0.02%~0.08% 的浓度混饲	
红霉素	肌内注射	每千克体重 4~8 毫克，2 次/天	传染性鼻炎、传染性滑膜炎、慢性呼吸道病、葡萄球菌病、链球菌病、弧菌性肝炎、坏死性肠炎、丹毒病
	混饲	按 0.01%~0.03% 的浓度混饲	

三、鸡场常用疫苗速查表

鸡场常用疫苗速查表见附表 B-3。

附表 B-3　鸡场常用疫苗速查表

疫苗名称	接种时间	使用方法	免疫期	贮藏
鸡新城疫 LaSota Ⅳ 系或者 $C_{30}ND$ 油佐剂灭活疫苗	7~14 日龄	点眼、滴鼻、肌内注射	接种后 2 周产生免疫力，免疫期 3~6 个月	4~8℃ 6 个月
鸡新城疫 Ⅰ 系活疫苗	用于经新城疫弱毒疫苗免疫过的鸡，也可供发生新城疫鸡群紧急接种使用	1000 倍稀释肌内注射 1 毫升或 100 倍稀释皮下注射；不可做气雾免疫	接种后 72 小时产生免疫力，免疫期 1 年以上	冻干苗在 -15℃保存 2 年，0~4℃ 9 个月
鸡新城疫 Ⅱ 系活疫苗	1~14 日龄	10 倍稀释后点眼、滴鼻或气雾免疫	接种后 7~9 天产生免疫力，免疫期 3~6 周不等	冻干苗在 -15℃保存 2 年，0~4℃ 9 个月
鸡马立克氏病疫苗	1 日龄	皮下或肌内注射 0.2 毫升（含火鸡疱疹病毒Ⅰ系 1500 个蚀斑单位）	注射后 2~3 天产生免疫力，免疫期半年	2~8℃ 6 个月，-10℃ 1 年
鸡传染性法氏囊病活疫苗（中等毒力）	2~3 周龄首免，经 3 周后 2 次免疫	供有母源抗体的雏鸡饮水免疫，也可用作点眼及口服免疫	3~5 个月	-10℃ 2 年，4~8℃ 1 年
鸡传性法氏囊病活疫苗（弱毒力）	1~7 日龄首免，经 2 周后 2 次免疫	供无母源抗体的雏鸡饮水、点眼	2~3 个月	-10℃ 2 年，4~8℃ 1 年
鸡传染性法氏囊病灭活疫苗	母鸡 18~20 周龄和 40 周龄	皮下注射 0.5 毫升	10 个月	4~8℃ 6 个月
鸡痘弱毒苗	80~90 日龄	翅内皮下刺种 2 针	4 个月	4℃ 1 年
鸡痘活疫苗	3 周龄以上	按规定稀释后翅内皮下刺种	4 个月	4℃ 1 年，-15℃ 6 个月
禽霍乱氢氧化铝菌苗	2 月龄以上首免，7~10 天后再免	肌内注射 2 毫升	注射后 14 天产生免疫力，免疫期 6 个月	2~5℃ 1 年

（续）

疫苗名称	接种时间	使用方法	免疫期	贮藏
禽霍乱油乳剂灭活菌苗	2月龄以上	颈部皮下注射或胸肌注射1毫升	6个月	4~8℃ 6个月
鸡传染性支气管炎疫苗—H_{52}	3周龄以上	滴鼻或饮水，用于经H_{120}免疫过的鸡	6个月	4~8℃ 6个月
鸡传染性支气管炎疫苗—H_{120}	3周龄以内	滴鼻	3周	4~8℃ 6个月
鸡传染性支气管炎、新城疫二联活疫苗	1日龄、4周、4个月后连续免疫	1日龄用H_{120}+新城疫Ⅱ系二联活疫苗滴鼻；4周后H_{52}+新城疫Ⅳ系二联活疫苗饮水；4个月后H_{52}+新城疫Ⅳ系二联活疫苗饮水	1年	4℃ 6个月
禽传染性脑脊髓炎活疫苗	10~16周龄种鸡	饮水	保护子代鸡6周龄内不发生本病	4~8℃ 6个月
鸡传染性喉气管炎活疫苗	8~10周龄	点眼	6~8个月	4~8℃ 6个月
产蛋下降综合征油乳剂灭活疫苗	14~18周龄	肌内注射	6个月	4~8℃ 6个月
新城疫、产蛋下降综合征、传染性支气管炎三联油乳剂灭活疫苗	14~18周龄	肌内注射	6个月	4~8℃ 6个月

参 考 文 献

[1] 刘建柱，牛绪东. 图说鸡病诊治 [M]. 北京：机械工业出版社，2015.
[2] 刘建柱，牛绪东. 常见鸡病诊治图谱及安全用药 [M]. 北京：中国农业出版社，2011.
[3] 赵晓娜，牛绪东，刘建柱. 中兽医良方治鸡病 [M]. 北京：机械工业出版社，2019.
[4] 王新华. 鸡病类症鉴别诊断彩色图谱 [M]. 北京：中国农业出版社，2009.
[5] 高齐瑜，郑厚旌，孙艳铮，等. 鸡病诊断与防治原色图谱 [M]. 郑州：河南科学技术出版社，1998.
[6] 刁有祥. 简明鸡病诊断与防治原色图谱 [M]. 2版. 北京：化学工业出版社，2019.
[7] 孙卫东. 鸡病鉴别诊断图谱与安全用药 [M]. 北京：机械工业出版社，2016.